개념 있는 수학자
| 공통수학 편 |

초판 1쇄 발행 | 2024년 12월 6일

지은이 | 이광연
펴낸이 | 이원범
기획 · 편집 | 김은숙
마케팅 | 안오영
표지 · 본문 디자인 | 강선욱

펴낸곳 | 어바웃어북 about a book
출판등록 | 2010년 12월 24일 제313-2010-377호
주소 | 서울시 강서구 마곡중앙로 161-8(마곡동, 두산더랜드파크) C동 808호
전화 | (편집팀) 070-4232-6071 (영업팀) 070-4233-6070
팩스 | 02-335-6078

ISBN | 979-11-92229-48-5   04410

개념력 = 절대로 흔들리지 않는 기본의 힘

개념 있는 수학자

| 공통수학 편 |

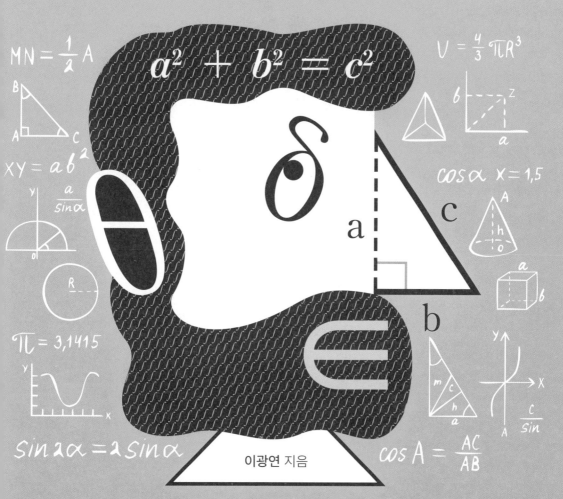

$MN = \frac{1}{2}A$

$a^2 + b^2 = c^2$

$V = \frac{4}{3}\pi R^3$

$XY = ab^2$

$\frac{a}{\sin\alpha}$

$\cos\alpha \quad x = 1.5$

$\pi = 3.1415$

$\sin 2\alpha = 2\sin\alpha$

$\cos A = \frac{AC}{AB}$

$\frac{c}{\sin}$

이광연 지음

어바웃어북

수학이 당신을 힘들게 할 때는
개념으로 돌아가라!

수학은 우리에게 늘 두려움의 대상이다. 수학에 대한 두려움은 수학의 특성에서 기인하지만, 역설적으로 그 특성이 바로 수학의 힘이기도 하다. 즉, 수학의 연역적 체계는 수학을 모든 과학의 언어로 우뚝 서게 했지만, 우리를 끊임없이 괴롭힌다.

우리나라에서 수학의 괴롭힘을 가장 많이 받는 대상은 아마도 수학능력시험의 '고난도 문항'을 풀어야만 하는 학생들일 것이다. 이런 문제를 한 개라도 더 해결한 학생이 더 좋은 대학에 가는 게 우리 현실이다. 그래서 고난도 문항을 정복하기 위해 많은 학생이 사교육에 의존한다. 바로 이 고난도 문항은 우리가 수학을 두렵게 느끼는 원인이기도 하다.

수학능력시험 문제 중 약 70% 정도는 각종 문제집과 사교육에서 배운 정해진 유형으로 해결할 수 있다. 하지만 나머지 30%에 해당하는 고난도 문항은 유형만 반복 학습해서는 도저히 해결할 수 없다. 고난도 문항은 무엇을 구하라는 것인지 문제의 내용을 파악하는 데도 꽤 많은 시간이 필요한 경우가 허다하다. 그렇다면 어떻게 해야 할까?

필자는 평소에 대중 강연에서 수학을 잘하는 방법으로 '독서'와 '교과서 위주의 개념 학습'을 주장하고 있다. 우선 독서가 유용하다는 것은 두말할 필요가 없다. 독서는 문해력을 높여 수학 문제를 푸는 일뿐 아니라 일상생활에서도 다양한 상황을 인식하는 데 절대적으로 필요하다. 두 번째 방법인 개념 학습은 유형에만 의존하던 기존의 학습에서 벗어나 수학 내용 본연의 뜻을 정확히 파악하는 것이다.

개념 학습을 간단히 설명하면 이렇다. 어느 배우가 맡은 역할에 어울리는 의상을 입거나 배역에 맞는 분장을 했다고 가정해 보자. 이 배우가 한 영화에서는 재벌 역할을, 또 다른 영화에서는 거지 역할을 해도 우리는 그가 누구인지 단번에 알아차린다. 즉, 맡은 배역에 따라 의상, 분장, 연기 등이 모두 바뀌지만, 연기를 하는 사람은 같은 배우다. 이때 배우가 맡은 역할에 따라 바뀌는 의상, 분장, 연기 등은 유형에 해당하고 배우의 원래 생김새는 개념에 해당한다. 한 배우가 맡는 역할은 매우 다양하다. 한 번 재벌 역할을 했다고 해서 모든 영화에서 계속 재벌 역할만 맡는 건 아니다. 그런데 우리는 그 배우가 부유한 사람으로 등장하는 한두 편의 영화만 보고는 그가 늘 재벌 역할을 맡는다는 선입견을 품게 된다.

수학도 마찬가지다. 많은 학생이 수학 문제의 유형만 따라가며 문제를 해결하는 데 급급하다. 그 결과 개념은 그대로 두고 문제의 포장을 약간만 바꿔도 처음 보는 문제로 인식하고 속절없이 무너진다. 하지만 개념을 확실하게 잡고 있다면 그 문제가 '재벌'에 대한 문제든 '거지'에 대한 문제든 상관없이 해결할 수 있다. 그래서 수학에서는 유형보다는 개념이 특히 중요하다.

수학능력시험에서 최고점을 받은 학생들이 인터뷰에서 빠지지 않고 하는 대답은 "교과서 위주로 공부했어요"이다. 이 말은 "개념을 정확히 파악하고 공부했어요"와 똑같은 말이다. 잊지 마라. 개념이 수학의 90%다. 초고난도 문항을 '킬(kill)'할 수 있는 건 오직 '개념력'이다.

수학 개념을 가장 잘 설명하고 있는 책이 바로 교과서다. 교과서만큼 수학 개념을 정확하게 설명하는 책은 없다. 시중에 나와 있는 자습서나 문제집에서 한 페이지에 '개념 정리'라는 제목으로 정리되어 있는 내용은 단순한 공식의 나열에 불과하다. 그것만 봐서는 공식들이 어떻게, 왜, 어디서 나와서 어디에, 어떻게 활용되는지 알 수 없다. 그런 모든 것을 가장 잘 보여주는 것이 바로 교과서다.

이 책에서는 주로 고등학교 1학년 때 배우는 개념들을 소개했다. 다항식의 정리부터 시작하여 무리함수까지 모두 현재 고등학교 교육과정에서 다루는 내용들이다. 각각의 개념이 왜 필요한지 알려주기 위하여 MBTI, 백두산 폭발, 수화물 무게, 올림픽 개최 연도, 승부차기 등 해당 개념이 실생활에서 활용되는 경우를 예로 들며 시작했다.

필자가 생각하기에 고등학교 1학년 수학에서 가장 중요한 개념은 이차방정식의 '근의 공식'과 '판별식'이다. 근의 공식으로는 다양한 문제에서 해를 구할 수 있고, 판별식으로는 답이 있는지 없는지를 알 수 있다. 그래서 이 책에서 필자는 근의 공식과 판별식을 어떻게 활용하는지에 대하여 가능하면 자세히 설명하려고 했다. 비록 근의 공식과 판별식은 중학교에서 배웠지만 고등학교 전 과정에서 사용되므로, 기본 개념을 충분히 이해해야 한다.

수학적 개념을 정확히 알기 위해서는 수학에서 사용하는 용어를 제대로 이해하고 있어야 한다. 수학 용어 안에는 이미 내용을 유추할 수 있을 만한 힌트가 들어있기 때문에 가능하면 한자와 영어를 제공하여 용어의 뜻을 정확히 파악할 수 있도록 했다. 이를테면 다항식을 인수분해 할 때 가장 많이 이용하는 '조립제법'은 한자 '組立除法'을 음역한 것이다. 여기서 '組立'은 여러 부품을 하나의 구조물로 짜맞췄다는 뜻으로 여러 개의 계수를 하나의 구조로 봤다는 뜻이다. '除法'은 나눗셈을 뜻한다. 그래서 조립제법은 '여러 계수를 하나로 짜맞춰서 나누는 방법'이라는 뜻이다. 따라서 조립제법이라는 용어만으로도 '계수만을 이용해 나눗셈을 하겠다'는 뜻임을 알 수 있다. 이처럼 수학 개념을 이해하기 쉽도록 용어의 가장 말단인 뿌리부터 파고들었다.

일차함수와 직선의 방정식은 중학교에서 배우는 개념이지만 고등학교 수학과 직접적으로 연결되기 때문에 이 책에서는 그 개념을 상세히 설명하고 있다. 이처럼 이 책은 고등학교 1학년 내용을 주로 다루고 있지만, 필요한 경우에는 중학교 내용을 다시 소개하기도 했다. 이는 해당 개념을 더 정확하게 이해할 수 있도록 돕기 위해서다. 수학은 누적적인 과목이라 고등학교 내용을 잘 모른다면 반드시 해당 내용에 대한 중학교 과정을 다시 공부해야 한다. 그냥 넘어가면 계속해서 모르는 것이 쌓여 결국 수학을 포기하게 된다. 그러니 이미 배운 것이라고 그냥 넘기지 말고 신중하게 읽어보기를 바란다.

필자는 책을 집필하며 개념에 대한 설명이 가장 잘 되어 있는 여러 종류의 교과서를 참고했다. 그래서 어떤 개념은 이 책의 설명이 교과서와 같을 때도 있다. 이것은 교과서가 개념을 가장 잘 설명하고 있고, 이것을 토대로 좀 더 자세한 설명을 하기 위해 노력했기 때문에 벌어진 일이다. 하지만 여러분은 이 책을 읽고도 개념이 충분히 이해되지 않는다면 참고 문헌에 제시된 교과서뿐 아니라 다른 교과서를 참고해도 좋다. 어차피 수학적 개념은 같기 때문에 반드시 필자가 참고한 교과서만 볼 필요는 없다.

끝으로 이 책을 읽는 독자들은 수학 개념을 잘 정립하여 수학의 두려움에서 벗어나길 바란다. 개념의 뿌리가 튼튼하면 어떤 유형, 어떤 난이도의 문제가 나오든 절대로 흔들리지 않는다.

_ 이광연

CONTENTS

방정식과 부등식

경우의 수

행렬

도형의 방정식

10

집합

함수

Mathematics

01

X+Y=
다항식의 정리
(내림차순, 오름차순)
= 방정식 해의 개수가 한눈에 쏙!

우리나라 국가통계포털에서는 여러 가지 통계 자료를 제공하고 있어서 누구나 원하는 통계 자료를 쉽게 내려받을 수 있다. 〈표1〉은 2023년 9월 기준 광역시별 총인구수를 나타낸 것이고, 〈표2〉는 〈표1〉을 총인구수가 많은 순서대로 정리한 것이다.

| 표1. 광역시별 총인구수 |

행정구역(시군구)별	총인구수(명)
부산광역시	3,300,836
대구광역시	2,377,801
인천광역시	2,987,918
광주광역시	1,422,999
대전광역시	1,444,595
울산광역시	1,104,167

| 표2. 광역시별 총인구수 |

행정구역(시군구)별	총인구수(명)
부산광역시	3,300,836
인천광역시	2,987,918
대구광역시	2,377,801
대전광역시	1,444,595
광주광역시	1,422,999
울산광역시	1,104,167

〈표1〉에서는 어느 광역시의 인구가 더 많은지 적은지 구분하기 어렵지만, 〈표2〉처럼 큰 수부터 순서대로 정리하면 인구수가 많은 곳부터 적은 곳까지 한눈에 알아볼 수 있다.

이와 마찬가지로 다항식도 미지수의 차수가 높은 항 또는 낮은 항부터 차례로 나타내면 다항식을 이용하여 문제를 해결할 때 매우 편리하다.

예를 들어 다항식 $2x - 3x^2 + x^5 - 4 + 5x^3 - 7x^4$이 몇 차 다항식인지 금방 알기 쉽지 않다. 또 항이 정돈되지 않았기에 최고차항을 잘못 찾아 4차 다항식이라고 할 수도 있다. 그러나 이 다항식을 차수가 높은 항부터 나타내어 $x^5 - 7x^4 + 5x^3 - 3x^2 + 2x - 4$, 또는 차수가 낮은 항부터 나타내어 $-4 + 2x - 3x^2 + 5x^3 - 7x^4 + x^5$로 정리한다면 이 다항식이 몇 차 식인지, 최고차항이나 상수항은 무엇인지 등을 쉽게 알 수 있다. 그래서 다항식은 그 항을 차수의 크기순으로 정리하여 나타내면 편리하다.

Σ 다항식을 내림차순으로 정리하는 이유

이때 다항식을 한 문자에 대하여 차수가 높은 항부터 차례로 나타내는 것을 그 문자에 대하여 '내림차순으로 정리한다'고 한다. 즉 차수가 가장 높은 항을 맨 앞에 쓰고 이후부터 차수를 차례대로 낮추어 항을 나타내므로 '차수를 내려서 나타낸다'는 뜻으로 '내림차순'이라고 한다.

또 차수가 낮은 항부터 차례로 나타내는 것을 그 문자에 대하여 '오름차순으로 정리한다'고 한다. 이때는 차수를 차례대로 올려서 항을 나타내므로 '차수를 올려서 나타낸다'는 뜻으로 '오름차순'이라고 한다.

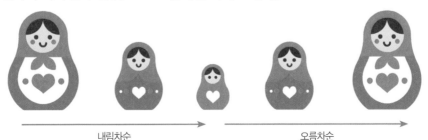

내림차순   오름차순

17

이를테면 아래의 다항식을 내림차순과 오름차순으로 정리하면 다음과 같다.

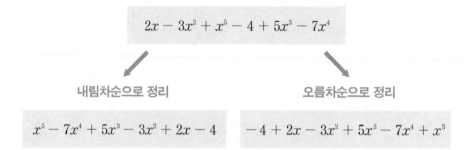

$$2x - 3x^2 + x^5 - 4 + 5x^3 - 7x^4$$

내림차순으로 정리

오름차순으로 정리

$$x^5 - 7x^4 + 5x^3 - 3x^2 + 2x - 4$$

$$-4 + 2x - 3x^2 + 5x^3 - 7x^4 + x^5$$

그런데 수학에서 다항식은 보통 내림차순으로 정리한다. 이렇게 나타내는 이유는 여러 가지가 있는데, 그중 한 가지는 이 다항식이 몇 차인지 바로 알 수 있다는 것이다. 다항식의 차수를 알면 그 다항식으로 세운 방정식을 풀 때 해를 몇 개까지 구해야 하는지(방정식의 해의 개수는 미지수의 차수와 같기 때문) 바로 알 수 있다. 이를테면 위 다항식은 5차이므로 이 다항식으로 세운 방정식의 해는 5개 있다. 물론 이 5개의 해를 어떻게 모두 구할 것인지는 또 다른 문제이므로 여기서는 다루지 않는다.

Σ 다항식의 덧셈 순서

내림차순이나 오름차순으로 정리된 두 다항식 A와 B에 대하여 덧셈 $A + B$는 A와 B의 각 항을 동류항끼리 더해서 정리한 것이다. 또 두 다항식의 뺄셈 $A - B$는 B의 각 항의 부호를 바꾸어 A에 더한 것과 같다. 즉, $A - B = A + (-B)$이다. 다항식의 덧셈을 할 때, 다음 순서를 따른다.

| 다항식의 덧셈 순서 |

① 괄호가 있는 것은 괄호 안을 먼저 계산한다.
② 각각의 다항식을 하나의 문자를 기준으로 내림차순으로 정리한다.
③ 교환법칙과 결합법칙을 적절히 사용하여 동류항끼리 묶어서 정리한다.

실수의 덧셈과 같이 다항식의 덧셈에서도 교환법칙과 결합법칙이 모두 성립한다. 그러나 다항식의 뺄셈에 대하여 교환법칙과 결합법칙은 성립하지 않는다. 즉,

$$A - B \neq B - A \text{ 이고 } (A - B) - C \neq A - (B - C)$$

이다. 예를 들어 $A = 2x - 3$ 이고 $B = 3x + 4$ 일 때,

$$A - B = (2x - 3) - (3x + 4) = 2x - 3 - 3x - 4 = -x - 7,$$

$$B - A = (3x + 4) - (2x - 3) = 3x + 4 - 2x + 3 = x + 7$$

이다. 이때 $-x - 7 \neq x + 7$ 이므로 $A - B \neq B - A$ 이다.

사실 수학에서는 눈으로 봐서 이해했다고 하더라도 직접 문제를 풀 때는 잘 안 풀리는 경우가 많다. 수학은 연필을 들고 써가며 풀어봐야 완전히 이해되는 과목이다. 그래서 수학을 공부할 때는 반드시 연필과 공책을 준비해야 한다.

X+Y=

02 다항식의 나눗셈

초등학생도 이해할 수 있는
다항식의 나눗셈

초등학생이 수학에서 가장 어려워하는 내용은 단연코 나눗셈이다. 나눗셈이
어려운 이유는 등분제(어떤 수를 똑같이 나누어 하나의 크기가 얼마인지 알아보는 나
눗셈)와 포함제(어떤 수에 다른 수가 몇 번 들어가는지 알아보는 나눗셈) 두 종류가 있
기 때문이다. 학생들은 이 둘을 잘 구분하지 못하기 때문에 나눗셈 문제를 어
려워한다. 하지만 여기서는 초등학교에서 배운 나눗셈을 이해한다고 치고, 그
냥 다항식의 나눗셈식에 집중하자. 그럼에도 초등학교에서 배운 나눗셈의 원
리가 필요하므로 간단히 복습해 보자.

예를 들어 '7 나누기 3'은 식으로 나타내면 $7 \div 3$이며
다음과 같이 푼다.

$$7 \div 3 = 2 \ldots 1 \Leftrightarrow 7 = 3 \times 2 + 1$$

이것을 세로 셈으로 계산하면 〈그림1〉과 같다. 이때 2를 몫,

| 그림1 |

$$3 \overline{)7} \quad \begin{array}{c} 2 \leftarrow 몫 \\ \underline{6} \leftarrow 3 \times 2 \\ 1 \leftarrow 나머지 \end{array}$$

1을 나머지라고 한다. 영어로 몫은 'quotient'이고 나머지는 'remainder'이다.
그래서 7을 3으로 나누는 나눗셈식은 $7 = 3 \times 2 + 1$로 나타내듯이, 일반적으로
A를 B로 나눈 나눗셈식은 몫 Q와 나머지 R을 이용하여 $A = B \times Q + R$로
나타낸다. 이때 곱셈 기호 '×'를 생략하여 $A = BQ + R$로 나타내기도 한다.

여기서 나머지 R은 나누는 수 3보다 클 수 없다. 이를테면 나머지가 만약 3보다 큰 4라면 $7 = 3 \times 1 + 4$인데, 4에는 3이 한 번 더 들어있으므로 다음과 같다.

$$7 = 3 \times 1 + 4$$
$$= 3 \times 1 + (3 + 1)$$
$$= 3 \times 2 + 1$$

따라서 나머지는 3보다 클 수 없다. 또 나머지는 남는 수이므로 음수가 될 수 없다. **즉, 나머지는 0보다 크고 나누는 수보다 작다. 특히 나머지가 $R = 0$일 때, 즉, 나머지가 없을 때 'A는 B로 나누어떨어진다'라고 한다.** 이를테면 $6 = 3 \times 2$이므로 '6은 3으로 나누어 떨어진다'라고 한다.

Σ 초등학교에서 배운 나눗셈의 기초

이제 수의 나눗셈 방법을 이용하여 다항식의 나눗셈을 해보자.

한 다항식 A를 어떤 다항식 B로 나눌 때, 두 다항식을 모두 내림차순으로 정리한 후에 식 $7 = 3 \times 2 + 1$과 같은 $A = BQ + R$로 나타낼 수 있다.

예를 들어 다항식의 나눗셈 $(2x^3 - x^2 + 3x - 2) \div (x - 1)$은 정수의 나눗셈과 마찬가지로 〈그림2〉와 같이 계산한다.

| 그림2 |

$$
\begin{array}{r}
2x^2 + 3 \quad \longleftarrow \text{몫}\\
x-1 \overline{)\,2x^3 - x^2 + 3x - 2}\\
2x^3 - x^2 \quad \longleftarrow (x-1)\times 2x^2\\
\hline
3x - 2\\
3x - 3 \quad \longleftarrow (x-1)\times 3\\
\hline
1 \quad \longleftarrow \text{나머지}
\end{array}
$$

21

그러면 $2x^3 - x^2 + 3x - 2$를 $x - 1$로 나누었을 때의 몫 Q는 $2x^2 + 3$이고 나머지 R은 1이다. 따라서 주어진 다항식의 나눗셈을 $A = BQ + R$꼴로 나타내면 다음과 같다.

$$2x^3 - x^2 + 3x - 2 = (x - 1)(2x^2 + 3) + 1$$

이때 나머지는 나누는 수보다 작았던 수의 나눗셈에서와 마찬가지로 나머지의 차수는 나누는 다항식의 차수보다 낮다. 즉, 일차식 $x - 1$로 나누었으므로 나머지는 반드시 일차식보다 차수가 낮은 상수항이 되어야 한다.

일반적으로 다항식 A를 0이 아닌 다항식 B로 나누었을 때의 몫을 Q, 나머지를 R이라 하면 $A = BQ + R$과 같이 나타낼 수 있다. 이때 R의 차수는 B의 차수보다 낮다. 특히 $R = 0$, 즉 $A = BQ$일 때 A는 B로 '나누어떨어진다'라고 한다. 다항식을 일차식으로 나누면 나머지의 차수는 일차식의 차수보다 낮아야 하므로 나머지는 상수다. 또 다항식을 이차식으로 나눈 나머지는 일차식이거나 상수다.

마지막으로, 자연수의 나눗셈과 다항식의 나눗셈을 비교하면 다음과 같다.

① 두 자연수 a와 $b(b \neq 0)$에 대하여 a를 b로 나누었을 때 몫을 q, 나머지를 r이라고 하면 $a = bq + r$(단, $0 \leq r < b$)가 성립한다. 이때 $r = 0$이면 a는 b로 나누어떨어진다고 한다.

② 두 다항식 A와 $B(B \neq 0)$에 대하여 다항식 A를 다항식 B로 나누었을 때 몫을 Q, 나머지를 R이라고 하면 $A = BQ + R$(단, (R의 차수) $<$ (B의 차수))가 성립한다. 이때 $R = 0$이면 A는 B로 나누어떨어진다고 한다.

즉, 자연수의 나눗셈과 다항식의 나눗셈이 거의 비슷함을 알 수 있다. 그래서 초등학교 나눗셈을 잘 이해했다면 고등학교에서 다항식의 나눗셈도 쉽게 할 수 있다.

03 항등식과 미정계수법

x가 무엇이 되든 항상 참

사과 4알과 3알을 합하면 7알이고, 이를 식으로 나타내면 $4 + 3 = 7$이다. 이와 같이 등호 $=$을 사용하여 나타낸 식을 **등식** 이라고 한다. 등식은 한자로 '等式'인데, '等'은 '같음'이란 뜻이다. 따라서 등식은 '같음을 나타내는 식'이다. 등식에서 등호 $=$의 왼쪽 부분을 **좌변**, 오른쪽 부분을 **우변** 이라 하고, 좌변과 우변을 통틀어 **양변** 이라고 한다. 좌변과 우변은 말 그대로 '왼쪽 부분'과 '오른쪽 부분'을 한자로 바꾼 것이다. 이를테면 $4 + 3 = 7$에서 $4 + 3$은 등호의 왼쪽에 있으므로 좌변, 7은 등호의 오른쪽에 있으므로 우변이다. 한편, 등호가 없는 식 $2 + 3x$나 $3x - 2 > 5$은 등식이 아니다.

| 그림1 |

$$\underset{\text{좌변}}{4 + 3} = \underset{\text{우변}}{7}$$

양변

Σ 항등식의 여러 가지 표현

등식 중에서 $2x + 4 = 6$은 $x = 1$일 때만 참이 되지만, $2x + 4x = 6x$는 미지수 x에 어떤 값을 대입해도 항상 참이 된다. $2x + 4x = 6x$와 같이 모든

x의 값에 대하여 항상 참이 되는 등식을 x에 대한 **항등식** 이라고 한다. 항등식 (恒等式)에서 '항(恒)'은 '언제나, 늘'이라는 뜻이므로 항등식은 '언제나 같음을 나타내는 식'이다. 등호를 써서 두 수 또는 두 식이 같음을 나타내는 것을 등식 이라고 하며 등식에는 항등식과 방정식이 있다. 이때 어떤 등식이 다음 중에서 어느 하나의 뜻을 포함하면 그 등식은 x에 대한 항등식이다.

| 항등식의 여러 가지 표현 |

- x의 값과 관계없이 성립한다.
- 임의의 x에 대하여 성립한다.
- 모든 x에 대하여 성립한다.
- x가 어떤 값을 가지더라도 성립한다.

등식 중에서 항등식은 몇 가지 특별한 성질을 갖는다.

예를 들어 $ax^2 + bx + c = 0$이 x에 대한 항등식이라고 하자. 그러면 x에 어떤 값을 대입해도 항상 등식이 성립하므로 먼저 $x = 0$을 $ax^2 + bx + c = 0$에 대입하면

$$a \times 0^2 + b \times 0 + c = 0$$

이다. 좌변과 우변이 모두 0이 되어야 하므로 $c = 0$이다. 즉, $ax^2 + bx + c = 0$ 은 $ax^2 + bx = 0$이 된다. 식 $ax^2 + bx = 0$에 $x = 1$을 대입하면

$$a \times 1^2 + b \times 1 = 0 \Leftrightarrow a + b = 0$$

이다. 식 $ax^2 + bx = 0$에 $x = -1$을 대입하면

$$a \times (-1)^2 + b \times (-1) = 0 \Leftrightarrow a - b = 0$$

이다. 위의 두 식으로부터 $a + b = 0, a - b = 0$이므로 $a = 0, b = 0$을 얻는다.

따라서 $a = b = c = 0$이다. 즉, $ax^2 + bx + c = 0$이 x에 대한 항등식이라면 $a = b = c = 0$이어야 한다.

마찬가지 방법으로 등식 $ax^2 + bx + c = a'x^2 + b'x + c'$가 x에 대한 항등식이라면 $x = 0, x = 1, x = -1$을 각각 대입하면 $a = a', b = b', c = c'$임을 알 수 있다. 즉, 항등식에서 대응되는 동류항의 계수는 같음을 알 수 있다.

| 항등식의 성질 |

- $ax^2 + bx + c = 0$이 항등식 $\Leftrightarrow a = b = c = 0$
- $ax^2 + bx + c = a'x^2 + b'x + c'$가 항등식 $\Leftrightarrow a = a', b = b', c = c'$

Σ 정해지지 않은 계수를 정하는 방법

위와 같은 항등식의 성질을 이용하여 주어진 등식에서 정해져 있지 않은 계수를 정하는 방법을 **미정계수법(未定係數法)** 이라고 한다. 미정계수법에서 '미정'은 '아직 정하지 못했다'라는 의미로, 미정계수법은 '아직 정하지 못한 계수를 정하는 방법'이란 뜻이다. 미정계수법에는 양변에서 동류항의 계수를 비교하여 계수를 정하는 계수비교법과 문자에 적당한 수를 대입하여 계수를 정하는 수치대입법이 있다. 계수비교법과 수치대입법을 좀 더 설명하면 다음과 같다.

| 계수비교법과 수치대입법 |

① 계수비교법 : '항등식의 양변의 같은 차수 항의 계수는 같다'는 항등식의 성질을 이용하므로 전개하여 계수를 비교하면 된다.

② 수치대입법 : '항등식은 x에 어떤 값을 대입하여도 성립한다'는 항등식의 정의를 이용하는 방법으로 문자에 되도록 작은 값을 대입하여 얻은 연립방정식을 풀면 계산하는 데 편리하다.

따라서 문제에 맞게 두 가지 방법 중에서 편리한 방법을 택하는 것이 중요하다. 특히 수치대입법은 계수비교법으로 문제를 해결하기 어려운 경우에 사용될 수 있음을 다음 예를 통하여 알 수 있다.

$(x + 1)(x - 1)P(x) = x^4 + ax + b$가 x에 대한 항등식이 되도록 a와 b의 값을 정하여 보자.

이 경우 계수비교법을 이용하려면 좌변을 전개한 후 x에 대하여 정리해야 하는데 $P(x)$를 알 수 없으므로 곤란하다. 그런데 항등식이 되려면 x에 어떤 값을 대입하더라도 항상 성립해야 하므로 $P(x)$에 관계없이 좌변이 0이 되도록

$x = -1$을 대입하여 정리하면

$\quad 0 = 1 - a + b$ …… ①

$x = 1$을 대입하여 정리하면

$\quad 0 = 1 + a + b$ …… ②

①과 ②를 연립하여 풀면 $a = 0,\ b = -1$을 얻을 수 있다.

계수비교법과 수치대입법은 용어가 중요한 것이 아니므로 용어를 암기할 필요는 없다. 용어를 몰라도 계수를 비교하거나 적당한 수를 대입하여 계수를 정할 수 있다는 개념을 이해하고 있으면 된다. 따라서 계수비교법과 수치대입법이라는 용어에 집착하지 말고, 정해지지 않은 계수를 어떻게 정할 것인지 고민해야 한다.

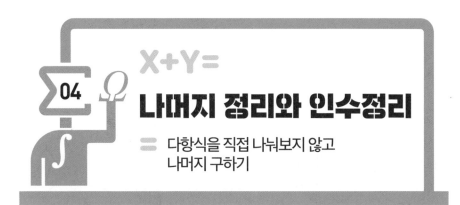

X+Y=

04 나머지 정리와 인수정리

= 다항식을 직접 나눠보지 않고
나머지 구하기

우리나라는 1988년 서울 하계올림픽을 개최했었고, 30년이 지난 2018년 평창 동계올림픽을 개최했다. 그 결과, 프랑스, 미국, 독일 등에 이어 하계와 동계 올림픽을 모두 개최한 나라가 되었다. 현재 하계올림픽은 4로 나눈 나머지가 0인 연도에 개최되고, 동계올림픽은 4로 나눈 나머지가 2인 연도에 개최되고 있다. 즉, 연도가 4의 배수이면 하계올림픽이, 4의 배수가 되지 않는 짝수 연도이면 동계올림픽이 개최된다. 그래서 올해가 몇 년도인지에 따라 4의 배수인지 아닌지로 어떤 올림픽이 개최되는지 알 수 있다.

어떤 수가 4의 배수인지 아닌지 나눠보지 않고 아는 간단한 방법이 있다. 끝의 두 자리 숫자가 00이거나 4의 배수인 수는 앞부분이 어떤 숫자가 돼도 4의 배수다. 예를 들어 5<u>00</u>, 7<u>16</u>, 545<u>20</u>, 4513593875<u>32</u>는 끝의 두 자리 숫자가 00이거나 4의 배수이므로 모두 4의 배수다. 그러나 206, 44482 등은 짝수이지만 끝의 두 자리 숫자 06과 82가 00도 아니고 4의 배수도 아니므로, 4의 배수가 아니다. 즉 1988의 88은 4의 배수이므로 1988이 4의 배수이고, 2018의 18은 4의 배수가 아니므로 2018은 짝수이지만 4의 배수가 아니다.

Σ 다항식을 일차식으로 나누었을 때 나머지를 쉽게 구하는 방법

수에서 어떤 수가 다른 수의 배수인지 간단히 알 수 있는 것과 같이 다항식에서도 일차식으로 나누어떨어지는지를 직접 계산하지 않고 확인하는 방법이 있다.

다항식 $f(x)$를 일차식 $x - \alpha$로 나누었을 때의 몫을 $Q(x)$, 나머지를 R이라 하면 $f(x) = (x - \alpha)Q(x) + R$로 나타낼 수 있다. 이때 $f(x)$를 일차식 $x - \alpha$로 나누었으므로 나머지는 일차식 $x - \alpha$보다 차수가 낮은 상수항이어야 한다. 즉, 다항식 $f(x)$를 일차식 $x - \alpha$로 나누었을 때의 나머지 R은 상수다. 이때 $f(x) = (x - \alpha)Q(x) + R$은 x에 대한 항등식이므로 양변에 $x = \alpha$를 대입하면 $(x - \alpha) = (\alpha - \alpha) = 0$이므로 다음과 같다.

$$
\begin{aligned}
f(\alpha) &= (\alpha - \alpha)Q(\alpha) + R \\
&= 0 \times Q(\alpha) + R \\
&= R
\end{aligned}
$$

따라서 $R = f(\alpha)$이다. 이처럼 다항식을 일차식으로 나누었을 때 나머지를 쉽게 구하는 방법을 **나머지 정리** 라고 한다. 즉, 나머지 정리는 어떤 다항식을 일차식으로 나누었을 때, 나눗셈을 모두 시행하지 않고도 나머지를 쉽게 구할 수 있게 해준다.

예를 들어 다항식 $f(x) = x^3 - 5x^2 + 6x - 4$를 $x - 2$로 나눌 때, 나머지는 $x = 2$를 $f(x)$에 대입하면

$$f(2) = 8 - 20 + 12 - 4 = -4$$

이다. 즉,

$$\begin{aligned} f(x) &= x^3 - 5x^2 + 6x - 4 \\ &= (x - 2)(x^2 - 3x) - 4 \\ &= (x - 2)Q(x) + R \end{aligned}$$

이므로 몫은 $Q(x) = x^2 - 3x$이고 나머지는 $R = -4$이다. 이때 나머지 R은 다항식의 나눗셈을 직접 계산하지 않고 x에 2를 대입하여 쉽게 구할 수 있다.

한편, 다항식 $f(x)$를 일차식 $x - \alpha$로 나눌 때, 나머지 정리에 의하여 $f(\alpha) = 0$이면 $f(x)$는 $x - \alpha$로 나누어떨어진다. 또 이 역도 성립한다. 즉, $f(x)$가 $x - \alpha$로 나누어떨어지면 $f(\alpha) = 0$이다. 따라서 다항식 $f(x)$가 일차식 $x - \alpha$로 나누어떨어지기 위한 필요충분조건은 $f(\alpha) = 0$이다. $f(x)$가 일차식 $x - \alpha$로 나누어떨어진다는 것은 $x - \alpha$가 $f(x)$의 인수임을 뜻한다. 그래서 이것을 다항식에 대한 **인수정리** 라고 한다.

예를 들어 다항식 $f(x) = x^3 + 2x^2 - 4x + k$가 $x + 1$로 나누어떨어지려면 $f(-1) = 0$이어야 한다.

즉, 다음과 같다.

$$\begin{aligned} f(-1) &= (-1)^3 + 2 \cdot (-1)^2 - 4 \cdot (-1) + k \\ &= 5 + k = 0 \end{aligned}$$

따라서 $k = -5$이므로 $f(x) = x^3 + 2x^2 - 4x - 5$이다.

실제로 $f(x) = x^3 + 2x^2 - 4x - 5 = (x + 1)(x^2 + x - 5)$이므로 $f(x)$를 $x + 1$로 나누면 몫은 $Q(x) = x^2 + x - 5$이고 나머지는 $R = 0$이다.

Σ 나머지 정리와 인수정리의 관계

나머지 정리는 일차식으로 나눌 때만 성립한다. 또 나머지를 구할 때 편리한 방법이지만, 몫은 구할 수 없다. 다항식 $P(x)$를 나누는 일차식의 꼴에 따라 나머지를 구하면 다음과 같다.

- $P(x)$를 일차식 $x - \alpha$로 나누면 나머지는 $P(\alpha)$이다.
- $P(x)$를 일차식 $x + \alpha$로 나누면 나머지는 $P(-\alpha)$이다.
- $P(x)$를 일차식 $ax + b$로 나누면 나머지는 $P\left(-\dfrac{b}{a}\right)$이다.

다항식 $P(x)$를 일차식 $ax + b$로 나눈 나머지가 $P\left(-\dfrac{b}{a}\right)$이라는 것은 $ax + b = 0$인 x의 값을 $P(x)$에 대입했을 때의 $P(x)$의 값이 나머지라는 뜻이므로 기본적으로 나머지 정리와 같은 뜻임을 알 수 있다.

한편, 인수정리는 실제로 나눗셈을 하지 않고 인수를 가지는지 판단하는 데 활용된다.

즉, x에 대한 다항식 $P(x)$에 대하여
① $P(\alpha) = 0$ 이면 $P(x)$는 $x - \alpha$로 나누어떨어진다
   즉, $x - \alpha$는 $P(x)$의 인수다.
② $P(\alpha) \neq 0$이면 $P(x)$는 $x - \alpha$로 나누어떨어지지 않는다.
   즉, $x - \alpha$는 $P(x)$의 인수가 아니다.

사실, 나머지 정리와 인수정리는 다항식의 나눗셈에 대한 다음과 같은 성질이 그 바탕에 있다. 두 다항식 $P(x)$와 $A(x)$에 대하여

$$P(x) = A(x)Q(x) + R(x) \text{ (단, } (R(x)\text{의 차수}) < (A(x)\text{의 차수}))$$

인 다항식 $Q(x)$와 $R(x)$가 존재한다. 이때 나머지 정리는 $A(x)$가 일차식 $x - \alpha$이고 $R(x)$가 상수항인 경우와 관련된 성질이다.

30

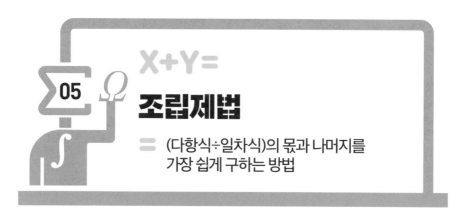

X+Y=

05 조립제법

= (다항식÷일차식)의 몫과 나머지를
가장 쉽게 구하는 방법

다항식은 계수와 미지수 또 미지수의 차수 등 여러 가지 기호를 포함하고 있어서 복잡해 보인다. 또 다항식을 내림차순으로 정리하면 차수가 높은 항부터 차례대로 쓰기 때문에 같은 미지수를 계속 써야 한다. 내림차순으로 정리했어도 인수를 찾거나 나눗셈에서 몫을 구할 때도 x와 같은 미지수를 계속해서 쓰므로 어딘가 불편하다. 게다가 나머지 정리를 이용하면 다항식을 일차식으로 나누었을 때의 나머지는 쉽게 구할 수 있지만 몫은 구할 수 없다.

그래서 수학자들은 오랜 옛날부터 당장은 필요하지 않은 미지수를 계속해서 써야 할 것인지 고민했다. 특히 옛날에는 지금처럼 종이나 연필이 없었으므로 되도록 간단하고 단순하게 표현하고 계산하길 원했다. 그 결과 고대의 비범한 수학자들은 다항식에서 차수와 미지수를 생각하지 않고 계수만으로 원하는 것을 얻는 방법을 알아냈다.

Σ 계수, 너만 있으면 돼

다항식을 일차식으로 나누었을 때의 몫과 나머지를 다항식의 계수만을 이용하여 간단하게 구하는 방법에 대하여 알아보자.

우리는 다항식을 보통 내림차순으로 나타내므로 맨 앞에서부터 미지수의 차수가 큰 것에서 작은 것 순서로 쓴다. 그래서 다항식이 주어지면 미지수의 차수보다는 미지수의 계수에 더 집중하게 된다.

예를 들어 다항식 $2x^3 - x^2 - 2x + 3$을 $x - 2$로 나누는 경우를 직접 나누는 방법과 계수만을 사용하는 방법 두 가지로 생각해 보자. 아래 두 가지 경우에서 〈그림1〉은 직접 나누는 방법이고, 〈그림2〉는 계수만 사용한 방법이다.

| 그림1. 직접 나누기 |

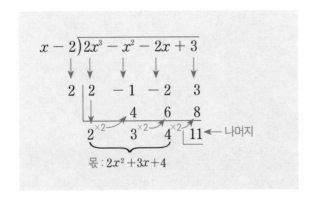

| 그림2. 계수만 사용 |

앞의 계산에서 몫은 $2x^2 + 3x + 4$이고 나머지는 11이다. 즉,

$$2x^3 - x^2 - 2x + 3 = (2x^2 + 3x + 4)(x - 2) + 11$$
$$= Q(x)(x - 2) + R$$

이와 같이 다항식을 일차식으로 나눌 때, 계수만 사용하여 몫과 나머지를 구하는 방법을 **조립제법** 이라고 한다. 위 두 가지 방법에서 알 수 있듯이 다항식을 일차식으로 나눌 때는 조립제법을 이용하는 것이 직접 나누는 방법보다 훨씬 간단하다.

조립제법은 한자 '組立除法'을 음역한 것이다. 여기서 '組立'은 여러 부품을 하나의 구조물로 짜맞췄다는 뜻으로 여러 개의 계수를 하나의 구조로 봤다는 것이다. '除法'은 나눗셈을 뜻한다. 그래서 조립제법은 '여러 계수를 하나로 짜맞춰서 나누는 방법'이라는 뜻이다.

Σ 조립제법은 다항식을 일차식으로 나눌 때만 사용

그런데 조립제법을 이용하여 다항식을 나눌 때 주의해야 할 것이 있다. 첫째, 조립제법은 다항식을 일차식으로 나누는 경우에만 이용할 수 있다. 즉, 다항식을 이차식이나 삼차식 등으로 나누는 경우는 조립제법을 이용할 수 없다. 둘째, 조립제법을 이용할 때는 다항식을 내림차순으로 적어야 한다. 다항식을 올림차순으로 적는다면 엉뚱한 결과를 얻게 된다. 셋째, 내림차순으로 다항식을 적을 때, 해당하는 차수의 항이 없으면 그 자리에 0을 적어야 한다. 즉, 내림차순에서 차수에 해당하는 계수가 0일 경우도 있음을 알아야 한다.

예를 들어 $(x^3 - 3x^2 + 1) \div (x - 1)$을 조립제법으로 몫과 나머지를 구해 보자. 이때 다항식 $x^3 - 3x^2 + 1$에서 x에 해당하는 항이 없으므로 1차 항의

계수는 0이다.

즉, $x^3 - 3x^2 + 1 = x^3 - 3x^2 + 0x + 1$이므로 다음과 같다.

$$(x^3 - 3x^2 + 1) \div (x - 1) = (x^3 - 3x^2 + 0x + 1) \div (x - 1)$$

따라서 다항식 $x^3 - 3x^2 + 1$의 계수를 차례로 적으면 $1, -3, 0, 1$이다.

이제 조립제법을 이용하면 다음과 같다.

$$
\begin{array}{r|rrrr}
1 & 1 & -3 & 0 & 1 \\
  &   & 1 & -2 & -2 \\
\hline
  & 1 & -2 & -2 & -1 \\
\end{array}
$$

따라서 $(x^3 - 3x^2 + 1) \div (x - 1)$의 몫은 $x^2 - 2x - 2$이고 나머지는 -1이다.

√x }

개념 Talk   **조립제법은 동양에서 시작되었다?**

조립제법은 언제부터 이용되었을까? 1802년 이탈리아과학회에서는 다항식의 일차 인수를 구하는 방법을 공모했다. 이 공모에서 루피니(Paolo Ruffini, 1765~1822)는 조립제법을 제시해 금메달을 수상했다. 루피니가 제시한 방법을 비슷한 시기에 영국의 수학자 호너(William George Horner, 1786~1837)도 독립적으로 개발했다. 그래서 조립제법을 '루피니의 방법' 또는 '호너의 방법'이라고 부른다. 그런데 동양에서는 이미 3세기 위나라의 유휘(劉徽, 225~295)가 주석을 단 《구장산술(九章算術)》에 조립제법의 원리가 소개되었다.

유휘의 얼굴이 인쇄된 우표. 《구장산술》은 BC 206~AD 8년에 편찬된 것으로 추정되는 중국의 고대 수학서로, 동양 수학의 기본이 되는 수학책이다.

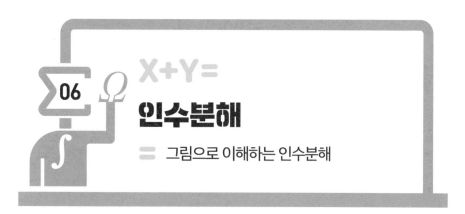

X+Y=

06 인수분해

= 그림으로 이해하는 인수분해

우리나라의 민속문화 중에는 자투리 천을 모아 보자기로 만드는 조각보가 있다. 조각보는 보자기의 기능성을 가지고 있지만, 옷을 만들다가 남는 천으로 아름다운 작품을 만드는 우리나라의 대표적인 규방공예다. 조각보는 선과 색상 그리고 규칙과 불규칙이 어우러져서 독특한 조형미를 구성하는 한국을 대표하는 이미지 가운데 하나다.

다음은 정사각형 모양과 직사각형 모양의 천 조각을 각각 3개씩 이어 붙여 직사각형 모양의 조각보를 만든 것이다.

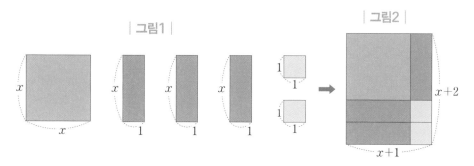

| 그림1 |

| 그림2 |

〈그림1〉에 사각형 모양의 자투리 천이 모두 여섯 조각이 있으며, 이들의 넓이를 각각 구하여 모두 합하면 $x^2 + 3x + 2$이다. 〈그림2〉는 〈그림1〉의 여섯

35

개의 조각을 그대로 이어 붙여 만든 직사각형 모양의 조각보로 가로는 $x + 1$ 이고 세로는 $x + 2$이다. 따라서 〈그림2〉의 조각보 넓이는 $(x + 1)(x + 2)$이다. 그런데 이 조각보는 모두 여섯 개의 자투리 천으로 만들어졌으므로

$$x^2 + 3x + 2 = (x + 1)(x + 2)$$

이다. 이때 다항식 $x^2 + 3x + 2$는 두 다항식 $x + 1$과 $x + 2$의 곱이다. 즉, 두 다항식 $x + 1$과 $x + 2$를 곱하면 $x^2 + 3x + 2$을 얻으므로 $x + 1$과 $x + 2$를 다항식 $x^2 + 3x + 2$의 **인수(因數)** 라고 한다. 여기서 '인수'란 '근본이 되는 수'를 뜻하므로 $x + 1$과 $x + 2$은 $x^2 + 3x + 2$의 근본이라는 뜻이다. 그리고 어떤 다항식을 근본이 되는 인수로 나누어 놓은 것을 **인수분해** 라고 한다.

Σ 그림으로 이해하는 2차 다항식의 인수분해 공식

일반적으로 하나의 다항식을 두 개 이상의 다항식의 곱으로 나타내는 것을 인수분해라고 한다. 즉, 인수분해는 다항식의 전개 과정을 거꾸로 한 것이다.

| 인수분해는 다항식의 전개 과정을 거꾸로 한 것 |

$$x^2 + 3x + 2 = (x + 1)(x + 2)$$

인수분해공식은 곱셈공식을 거꾸로 한 것이므로 여러 가지가 있다. 특히 2차 다항식의 인수분해는 그림을 이용하면 기억하기 쉽다. 다음은 2차 다항식의 인수분해 공식을 그림으로 설명한 것이다.

① $ab + ac = a(b + c)$
② $a^2 + 2ab + b^2 = (a + b)^2$
③ $a^2 - 2ab + b^2 = (a - b)^2$
④ $a^2 - b^2 = (a + b)(a - b)$
⑤ $ac + bc + ad + bd = (a + b)(c + d)$

① $ab + ac = a(b + c)$

② $a^2 + 2ab + b^2 = (a + b)^2$

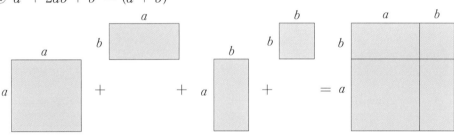

③ $a^2 - 2ab + b^2 = (a - b)^2$

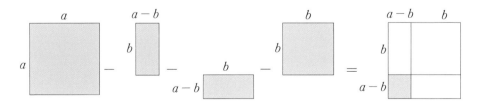

④ $a^2 - b^2 = (a + b)(a - b)$

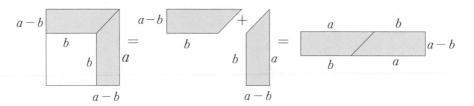

⑤ $ac + bc + ad + bd = (a + b)(c + d)$

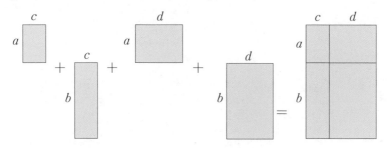

Σ 암기 필수! 3차 다항식의 인수분해 공식

3차 이상 다항식의 인수분해는 그림으로 나타내면 공간지각력이 필요하므로 더 어렵게 느낄 수 있다. 그래서 비교적 간단한 몇 가지만 알아보자. 먼저, 다음 그림은 가장 간단한 $(a + b)^3$의 경우를 설명하는 것이다.

$$a^3 + 3a^2 b + 3ab^2 + b^3 = (a + b)^3$$

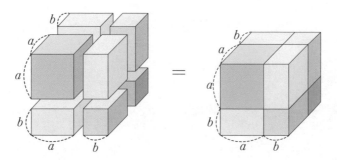

38

다음으로 $a^3 + b^3$을 인수분해 하는 그림을 알아보자. 다음 그림에서 한 모서리의 길이가 a와 b인 두 정육면체의 부피의 합은 $a^3 + b^3$이다.

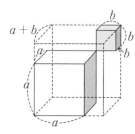

이것은 다음 그림과 같이 한 모서리의 길이가 $a + b$인 정육면체의 부피에서 오른쪽의 세 직육면체의 부피를 뺀 것과 같음을 알 수 있다.

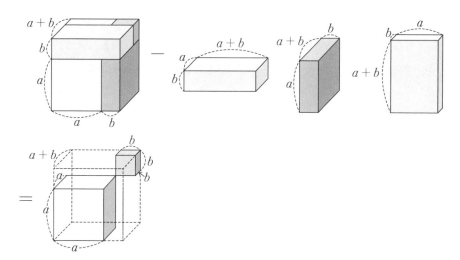

이것을 식으로 나타내면

$$a^3 + b^3 = (a + b)^3 - ab(a + b) - ab(a + b) - ab(a + b)$$
$$= (a + b)^3 - 3ab(a + b)$$
$$= (a + b)\{(a + b)^2 - 3ab\}$$
$$= (a + b)(a^2 - ab + b^2)$$

따라서 $a^3 + b^3 = (a + b)(a^2 - ab + b^2)$임을 알 수 있다.

이와 같이 3차 이상의 다항식의 인수분해는 그림으로 이해하기 더 어려울 수 있으므로 공식을 전개하여 확인하고 그냥 기억하는 것이 좋다.

다음은 3차 다항식의 인수분해 공식이다. 가능하면 2차와 3차 다항식의 인수분해는 모두 암기하는 것이 수학 문제를 해결할 때 편리하다. 만일 인수분해 공식으로 해결할 수 없다면 조립제법을 이용해 나눗셈하는 것이 좋다.

| 3차 다항식의 인수분해 공식 |

① $a^3 + 3a^2b + 3ab^2 + b^3 = (a+b)^3$
② $a^3 - 3a^2b + 3ab^2 - b^3 = (a-b)^3$
③ $a^3 + b^3 = (a+b)(a^2 - ab + b^2)$
④ $a^3 - b^3 = (a-b)(a^2 + ab + b^2)$

사실 고등학교 수학 내용 대부분은 우선 암기하는 것이 필요하다. 한글을 처음 배울 때 ㄱ, ㄴ, ㄷ, ㄹ이나 ㅏ, ㅑ, ㅓ, ㅕ 등의 자음과 모음의 모양이 왜 그렇게 생겼는지 따지지 않고 그냥 암기한다. 자음과 모음을 암기한 후에 이들을 조합하여 글자와 단어를 만들어 내면, 마침내 서로 소통할 수 있다. 곱셈공식과 인수분해공식이 바로 이런 경우다. 물론 공식이 나온 이유가 있으나, 묻지도 따지지도 않고 암기해야 하는 것도 있다.

07 이차방정식의 근의 공식과 판별식

= 수학의 바다를 항해할 때 꼭 필요한 나침반

방정식은 수학에서 매우 중요한 개념으로, 수학적 관계를 표현하고 문제를 해결하는 데 사용된다. 방정식의 기원은 고대 문명으로 거슬러 올라간다. 특히, 고대 바빌로니아와 이집트에서 방정식의 초기 형태가 발견되었다.

고대 바빌로니아(BC 2000년경)에서는 점토판에 쐐기문자로 방정식을 기록하였으며, 주로 일차 및 이차방정식의 풀이법을 개발했다. 이들은 대수학적 기법을 사용하여 농업, 건축, 상업 등의 실생활 문제를 해결했다. 예를 들어 넓이를 구하거나 물건의 가격을 계산하는 문제를 방정식으로 풀었다.

고대 이집트(BC 1800년경)에서도 방정식을 사용한 것이 확인되었다. 아메스의 파피루스에 따르면 이집트 수학자들은 일차방정식의 풀이법을 제시했다. 이들은 주로 '끈을 묶는 방법'이라는 기하학적 접근법으로 문제를 해결했다.

'YBC 7289'로 불리는 기원전 1800년에서 기원전 1600년 사이의 점토판. 당시 학생이 수학 시간에 배운 내용을 필기한 후 햇빛에 말려 굳힌 것으로 추정되는 이 점토판에는 $\sqrt{2}$의 근삿값이 적혀있다. 바빌로니아인들이 정사각형의 대각선 길이를 상당히 정밀하게 구했음을 알 수 있다.

한편, 고대 그리스에서는 수학자 디오판토스(Diophantos, 200~284)가 방정식 이론을 체계화하였다. 그는 《산학》이라는 저서에서 여러 형태의 방정식을 다루었고, 방정식을 기호로 표현하는 방법을 개발했다. 그러나 오늘날 방정식이라는 용어는 고대 동양의 수학책인 《구장산술》에서 비롯되었다. 이 책은 모두 9개의 장으로 되어 있는데, 제8장이 바로 '방정(方程)'이다. '방정' 장에서는 여러 가지 방정식을 풀고 있다.

방정식은 고대부터 현대에 이르기까지 수학의 중요한 도구로 사용되었으며, 다양한 문명과 시대를 거치며 발전해 왔다. 특히 이차방정식은 고등학교 수학에서 매우 중요한 내용이 되었다. 이제 이차방정식에 대하여 알아보자.

Σ 이차방정식의 계수만으로 해를 구하는 '근의 공식'

식에서 우변의 모든 항을 좌변으로 이항하여 정리한 식이 '(x에 대한 일차식)＝0'의 꼴로 나타나는 방정식을 x에 대한 일차방정식이라고 한다. 마찬가지로 '(x에 대한 이차식)＝0'의 꼴로 나타나는 방정식을 x에 대한 이차방정식이라고 한다.

일반적으로 x에 대한 이차방정식은 $ax^2 + bx + c = 0$의 꼴로 나타낼 수 있다. 이때 $a = 0$이면 이차항이 $ax^2 = 0 \times x^2 = 0$이므로 $ax^2 + bx + c = 0$은 이차방정식이 아니다. 따라서 이차방정식이라면 반드시 $a \neq 0$이다.

한편 두 수 또는 두 식 A와 B에 대하여 $AB = 0$이면 다음 세 가지 경우 중에서 반드시 하나가 성립한다.

① $A = 0, B = 0$ ② $A = 0, B \neq 0$ ③ $A \neq 0, B = 0$

위의 세 가지를 간단히 '$A = 0$ 또는 $B = 0$'이라고 한다. 따라서 두 수 또는 두 식 A와 B에 대하여 '$AB = 0$이면 $A = 0$ 또는 $B = 0$'이 성립한다.

일반적으로 이런 성질과 인수분해를 이용하여 (일차식)×(일차식) 꼴의 이차방정식을 풀 수 있다. 즉, 이차방정식 $ax^2 + bx + c = 0$을 인수분해 하여 두 일차식의 곱으로 나타낸 후, 일차식이 0이 되는 x의 값을 구하면 이차방정식을 풀 수 있다. 그런데 인수분해 하지 않고도 이차방정식의 근의 공식을 이용하면 해를 바로 구할 수 있다.

이차방정식 $ax^2 + bx + c = 0$은 계수 a, b, c에 따라서 이차방정식을 인수분해 하는 방법이 각기 다르다. 예를 들어, 이차방정식 $x^2 + x - 2 = 0$은 $x^2 + x - 2 = (x-1)(x+2)$와 같이 인수분해 되므로 근은 $x = 1$ 또는 $x = -2$ 이다. 그런데 $x^2 - 8x + 9 = 0$, $x^2 - 2x - 7 = 0$, $x^2 + 12x + 3 = 0$, $2x^2 + 3x + 1 = 0$ 등과 같은 이차방정식은 인수분해나 조립제법을 이용하여 푼다면, 인수분해가 쉽게 되지 않기 때문에 근을 구하기 매우 어렵다.

이때, 만약 계수만을 이용하여 근을 구할 수 있다면 얼마나 편리할까? 그래서 등장한 것이 바로 이차방정식의 계수만으로 근을 구하는 **근의 공식** 이다. 이차방정식 $ax^2 + bx + c = 0$에 대한 근의 공식은 $x = \dfrac{-b \pm \sqrt{b^2 - 4ac}}{2a}$ 이다. 즉, 방정식의 계수 a, b, c가 어떤 수가 되더라도 근의 공식에 계수 a, b, c를 대입하기만 하면 간단히 이차방정식의 근을 구할 수 있다.

| 근의 공식 |

$$ax^2 + bx + c = 0 \text{일 때(단, } a \neq 0)$$

$$x = \dfrac{-b \pm \sqrt{b^2 - 4ac}}{2a}$$

실제로 앞에서 예로 든 이차방정식의 근을 근의 공식으로 구하면 다음과 같다.

$x^2 - 8x + 9 = 0$의 근 : $a = 1, b = -8, c = 9$ 이므로

$$x = \frac{8 \pm \sqrt{64 - 36}}{2} = \frac{8 \pm 2\sqrt{7}}{2} = 4 \pm \sqrt{7}$$

$x^2 - 2x - 7 = 0$의 근 : $a = 1, b = -2, c = -7$ 이므로

$$x = \frac{2 \pm \sqrt{4 + 28}}{2} = \frac{2 \pm 4\sqrt{2}}{2} = 1 \pm 2\sqrt{2}$$

$x^2 + 12x + 3 = 0$의 근 : $a = 1, b = 12, c = 3$ 이므로

$$x = \frac{-12 \pm \sqrt{144 - 12}}{2} - \frac{-12 \pm 2\sqrt{33}}{2} = -6 \pm \sqrt{33}$$

$2x^2 + 3x + 1 = 0$의 근 : $a = 2, b = 3, c = 1$ 이므로

$$x = \frac{-3 \pm \sqrt{9 - 8}}{4} = \frac{-3 \pm 1}{4} \text{ 즉, } x = -\frac{1}{2}, \; -1$$

다시 말하면, 위의 네 개의 이차방정식은 각각 다음과 같이 인수분해 된다는 뜻이다.

$$x^2 - 8x + 9 = (x - 4 - \sqrt{7})(x - 4 + \sqrt{7}),$$
$$x^2 - 2x - 7 = (x - 1 - 2\sqrt{2})(x - 1 + 2\sqrt{2}),$$
$$x^2 + 12x + 3 = (x + 6 + \sqrt{33})(x + 6 - \sqrt{33}),$$
$$2x^2 + 3x + 1 = \left(x + \frac{1}{2}\right)(x + 1)$$

위와 같은 이차방정식은 인수분해나 조립제법을 이용해 근을 구할 가능성이 거의 없다. 그래서 필요한 것이 바로 근의 공식이다.

Σ 이차방정식의 꽃, 판별식

한편, 이차방정식의 근을 구할 때 고등학교 수학에서는 실근을 구해야 하므로 근의 공식에서 근호 $\sqrt{}$ 안에 있는 수는 항상 0 또는 양수이어야 한다. 즉, $\sqrt{a}$ 에 대하여 $a \geq 0$이다. 따라서 근의 공식에서 근호 안의 식 $b^2 - 4ac$의 값이 양수인지, 0인지, 음수인지가 매우 중요하다. 왜냐하면 $b^2 - 4ac$의 값이 음수

인 경우에는 이차방정식의 근을 실수 범위에서 구할 수 없기 때문이다.

이제 $b^2 - 4ac$의 값을 양수, 0, 음수로 나누어 근에 대하여 좀 더 자세히 알아

보자.

① $b^2 - 4ac > 0$인 경우

근의 공식에서 근호 안의 수가 양수이므로 $\sqrt{b^2 - 4ac}$는 실수이다. 따라서

두 근 $\dfrac{-b + \sqrt{b^2 - 4ac}}{2a}$와 $\dfrac{-b - \sqrt{b^2 - 4ac}}{2a}$가 모두 실수이므로 이차방

정식 $ax^2 + bx + c = 0$은 다음과 같이 인수분해 된다.

$$ax^2 + bx + c = \left(x - \frac{-b + \sqrt{b^2 - 4ac}}{2a}\right)\left(x - \frac{-b - \sqrt{b^2 - 4ac}}{2a}\right)$$

이때 $\dfrac{-b + \sqrt{b^2 - 4ac}}{2a}$와 $\dfrac{-b - \sqrt{b^2 - 4ac}}{2a}$의 값은 서로 다르므로 주어

진 이차방정식은 서로 다른 두 개의 실근을 갖는다.

② $b^2 - 4ac = 0$인 경우

두 근 $\dfrac{-b + \sqrt{b^2 - 4ac}}{2a}$와 $\dfrac{-b - \sqrt{b^2 - 4ac}}{2a}$에서 $b^2 - 4ac = 0$이므로

두 근은 $\dfrac{-b + 0}{2a} = \dfrac{-b}{2a}$와 $\dfrac{-b - 0}{2a} = \dfrac{-b}{2a}$이다. 따라서 이차방정식

$ax^2 + bx + c = 0$은 다음과 같이 인수분해 된다.

$$ax^2 + bx + c = \left(x + \frac{b}{2a}\right)\left(x + \frac{b}{2a}\right) = \left(x + \frac{b}{2a}\right)^2$$

즉, 이차방정식은 중근 $\dfrac{-b}{2a}$를 갖는다. 여기서 중근은 '같은 것이 중복된 근'

이란 뜻이다. 즉, 같은 값이 2개인 근이다.

③ $b^2 - 4ac < 0$인 경우

근호 안의 값이 음수이므로 $\dfrac{-b + \sqrt{b^2 - 4ac}}{2a}$와 $\dfrac{-b - \sqrt{b^2 - 4ac}}{2a}$는 실

수가 아니다. 따라서 $ax^2 + bx + c = 0$은 실근을 갖지 않는다.

위와 같이 이차방정식 $ax^2 + bx + c = 0$의 근이 어떤지를 판별하는 데

$b^2 - 4ac$의 값이 양수인지 0인지 음수인지가 매우 중요하다. 특히 이차방정

식의 근을 구하기 전에 주어진 이차방정식이 실근을 갖는지 어떤지를 미리 안다면 편리하다. 이를테면 $b^2 - 4ac$의 값을 구했는데 음수라면 실근을 갖지 않으므로 이차방정식의 실근을 구할 필요가 없다.

결국 $b^2 - 4ac$의 값에 따라 근이 있는지 없는지를 판별할 수 있으므로, 식 $b^2 - 4ac$을 이차방정식의 **판별식** 이라고 한다. 판별식은 영어로 'discriminant'이기에 보통 앞 글자를 따서 판별식을 $D = b^2 - 4ac$로 나타낸다.

| 이차방정식의 판별식 |

$$D = b^2 - 4ac$$

판별식 D는 앞으로 수학을 하는 동안 계속해서 이용하게 되므로 반드시 이해하고 있어야 하는 핵심적인 내용이다. 판별식은 수학의 많은 부분에서 마치 항해에서 사용하는 나침반과 같은 길잡이 역할을 한다.

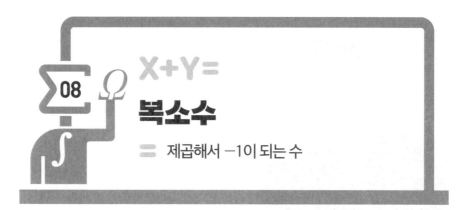

X+Y=

복소수

= 제곱해서 −1이 되는 수

컴퓨터, 스마트폰, 전자현미경, 제임스 웹 우주망원경 등 다양한 분야의 발전에 기여한 '양자역학'은 현대물리학의 가장 성공한 이론으로, 원자와 같은 미시세계의 운동을 연구한다. 양자역학은 20세기가 시작되며 본격적으로 등장했다. 그전까지는 현재의 상태를 알면 미래에 어떤 사건이 일어날지 정확하게 예측할 수 있다는 고전역학의 결정론적 입장이 물리학의 주류였다. 하지만 양자역학의 등장으로 세상은 결정된 것이 없으며 확률적으로 정해진다고 생각하게 되었다. 즉, 현재의 상태를 정확하게 알아도 미래를 예측할 수 없다는 것이 양자역학의 비결정론이다.

1900년 막스 플랑크(Max Planck, 1858~1947)의 '양자설'로부터 시작된 양자역학은 아인슈타인, 보어, 하이젠베르크, 슈뢰딩거 등의 해설이 이어졌다. 그러나 천재 물리학자 파인먼(Richard Phillips Feynman, 1918~1988)이 "양자역학을 완벽히 이해하는 사람은 아무도 없다"라고 할 정도로, 양자역학은 쉽게 접근하기 어려운 분야다. 하지만 우리의 몸뿐만 아니라 세상을 이루는 모든 것이 원자로 이루어져 있는 만큼 양자역학은 우리 생활에 큰 영향을 미치고 있다. 그리고 이와 같은 양자역학은 실수가 아닌 새로운 수의 존재를 전제로 해서 성립하는

미시세계의 운동을 설명하는 양자역학은 세계를 보는 근본 관점을 바꾸었을 뿐만 아니라 인류의 삶을 새로운 영역으로 옮겨놓았다. 양자역학은 실수가 아닌 새로운 수(허수)의 존재를 전제로 해서 성립하는 물리학 이론이다.

물리학 이론이다.

실수는 한자로 '實數'이며 영어로 'real number'다. 한자 '實'은 '가득 찼다'는 뜻이고 영어 'real'은 '실제'라는 뜻이므로, 실수는 '가득 차서 실제로 다룰 수 있는 수'라는 뜻이다. 실제로 실수는 유리수와 무리수를 모두 아우르기에 수직선에 나타내면 수직선을 빈틈없이 채울 수 있다. 그런데 가득 찬 실수와는 다르게 텅 비어 있는 수가 있다. '비어 있다'를 한자로 쓰면 '虛',

즉 '허'다. 그래서 실수가 아닌 수를 허수(虛數) 라고 한다. 허수는 비어 있는 수이므로 아무것도 없는 것과 마찬가지 상태다. 따라서 상상만 할 수 있기에 영어로 '상상의, 가상의'를 뜻하는 'imaginary'를 사용해 허수를 'imaginary number'라 한다.

Σ 비어 있는 수, 허수

그렇다면 어떤 경우가 비어 있는 수일까?

이차방정식 $x^2 + 1 = 0$에서 좌변의 1을 우변으로 이항하여 근을 구해 보자.

$$x^2 + 1 \Leftrightarrow x^2 = -1$$

이 방정식의 근은 제곱해서 -1이 되는 수여야 하는데, 애석하게도 실수에서는 제곱하여 음수가 되는 수는 없다. 실수는 어떤 수든지 제곱하면 항상 0 이상이다. 즉, x가 실수라면 $x^2 \geq 0$이다. 그래서 이차방정식 $x^2 + 1 = 0$이 근을 가지려면 실수가 아닌 새로운 수가 필요하다. 바로 이 수가 비어 있는 수인 허수다.

제곱해서 -1이 되는 새로운 수를 i로 나타내는데, 이것은 앞에서 설명했듯이 영어 'imaginary'의 앞 글자에서 따온 것이다. 이때 i를 **허수단위** 라고 하며 $i = \sqrt{-1}$로 나타내기도 하며, $i^2 = \left(\sqrt{-1}\right)^2 = -1$이다.

허수단위가 하나면 i, 둘이면 $2i$, 셋이면 $3i$ 등과 같이 나타내는데, 특이하게 허수는 비어 있는 수이므로 크기를 비교할 수 없다. 이를테면 실수의 경우에 2는 1보다 크기에 $1 < 2$와 같이 부등호로 나타낼 수 있으나, 허수 $2i$와 i는 모두 비어 있기에 $2i$와 i 중에서 어떤 것이 큰지 비교할 수 없다. 즉 둘 다 비어 있으므로 $i < 2i$라고도, $i > 2i$라고도 할 수 없다.

이제 수의 범위가 실수와 허수로 확장되었기에 수에 대한 개념이 매우 복잡해졌다. 그래서 실수와 허수를 포함하는 수의 범위를 '복잡한 수'라는 뜻으로 **복소수(複素數, complex number)** 라 한다. 실수 a와 b에 대하여 $a + bi$ 꼴의 수를 복소수라고 하며, a를 이 복소수의 실수부분, b를 **허수부분** 이라고 한다.

| 복소수 |

$$\underset{\text{실수부분}}{\underline{a}} \; + \; \underset{\text{허수부분}}{\underline{bi}}$$

이때 $0i = 0$으로 정하면, 실수 a는 $b = 0$이면 $a + bi = a + 0i = a + 0 = a$로 나타낼 수 있으므로 실수는 복소수의 일부분이다.

또 $a = 0$이면 $a + bi = 0 + bi = bi$이므로 허수도 복소수의 일부분이다. 실수가 아닌 복소수 $a + bi(b \neq 0)$를 통틀어 허수라고 한다. 즉, $2i$도 허수고

49

$3 + 5i$도 허수다. 따라서 복소수를 다음과 같이 나눌 수 있다.

| 복소수 |

$$\text{복소수}\, a + bi \begin{cases} \text{실수}\, a & (b = 0) \\ \text{허수}\, a + bi\, (b \neq 0) \end{cases} (\,a\,\text{와}\,b\text{는 실수})$$

Σ 서로 짝이 되는 복소수, 켤레복소수

복소수는 좌표평면을 이용하여 나타낼 수도 있다. 다음 그림과 같이 x축을 실수축으로 하고 y축을 허수축으로 하면 좌표평면에서 점의 좌표를 순서쌍으로 나타내듯이, 복소수 $a + bi$를 순서쌍 (a, b)로 나타낼 수 있다. 이와 같이 실수축과 허수축으로 이루어져 복소수를 순서쌍으로 나타낼 수 있는 평면을 **복소평면** 이라고 한다.

| 복소평면 |

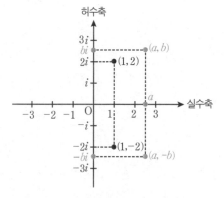

예를 들어 복소수 $1 + 2i$는 순서쌍 $(1, 2)$로 나타낼 수 있고, $1 - 2i$는 순서쌍 $(1, -2)$로 나타낼 수 있다. 그래서 복소평면에서는 $1 + 2i = (1, 2)$이고 $1 - 2i = (1, -2)$이며, 실수는 실재하는 수이고 허수는 실재하지 않는 상상

의 수이므로 사실 허수축도 비어 있는 상상의 축이다.

복소평면에서 어떤 점의 대칭을 생각할 때, 실재하는 실수축에 대한 대칭을 생각하게 된다. 즉, (a, b)의 실수축에 대하여 대칭인 점으로 $(a, -b)$를 생각할 수 있다. 이와 같이 복소평면에서 한 점 (a, b)가 선택되면 그 점에 대하여 실수축에 대칭인 점 $(a, -b)$도 자연스럽게 따라서 등장한다. 마치 한 켤레의 양말이나 장갑같이 한쪽이 있으면 그에 맞는 다른 한쪽이 반드시 있는 것처럼 서로 짝이 되는 복소수를 **켤레복소수** 라고 한다. 즉 $(1, 2) = 1 + 2i$와 $(1, -2) = 1 - 2i$는 실수축에 대하여 대칭이므로 켤레복소수다.

일반적으로 복소수 $a + bi$의 켤레복소수를 복소수 위에 선분을 그어 기호로 $\overline{a + bi}$와 같이 나타내며, $\overline{a + bi} = a - bi$다. 이를테면 $\overline{1 + 2i} = 1 - 2i$이고, $\overline{1 - 2i} = 1 + 2i$이므로 $1 + 2i$와 $1 - 2i$는 켤레복소수다. 켤레복소수는 여러 가지 성질이 있으며, 복소수의 계산에서 매우 중요한 역할을 하므로 그 개념을 잘 알고 있어야 한다.

켤레복소수

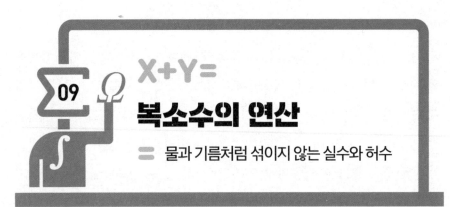

X+Y=
복소수의 연산
= 물과 기름처럼 섞이지 않는 실수와 허수

물과 알코올을 혼합하면 서로 섞이지만 물과 식용유를 혼합하면 서로 섞이지 않는다. 이처럼 서로 다른 두 액체를 혼합할 때, 서로 섞이는 경우와 섞이지 않는 경우가 있다. 예를 들어 A 비커에는 물 10mL와 식용유 15mL가 들어 있고, B 비커에는 물 20mL와 식용유 8mL가 들어있다고 하자. 두 비커 A

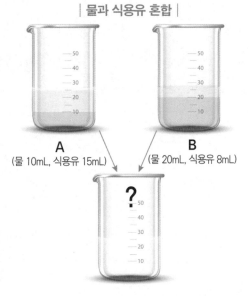

| 물과 식용유 혼합 |

A
(물 10mL, 식용유 15mL)

B
(물 20mL, 식용유 8mL)

?

와 B에 들어 있는 물과 식용유를 큰 비커에 부었을 때, 큰 비커에 담긴 물과 식용유는 섞이지 않는다. 따라서 큰 비커에 물은 $10 + 20 = 30$(mL), 식용유는 $15 + 8 = 23$(mL)가 들어있게 된다.

이와 같이 실수와 복소수에서도 서로 섞이지 않는 성분들이 있다. 즉, 실수는 실수와 섞이지만 비어 있는 수인 허수는 허수와만 섞인다.

Σ 복소수의 덧셈과 곱셈

한편, 중학교에서는 다음과 같이 무리수 $\sqrt{2}$를 하나의 문자로 생각하여 덧셈과 곱셈을 하였다.

$$(1 + 3\sqrt{2}) + (2 - 2\sqrt{2}) = (1 + 2) + (3 - 2)\sqrt{2} = 3 + \sqrt{2}$$
$$\begin{aligned}(1 + 3\sqrt{2})(2 - 2\sqrt{2}) &= 1 \cdot 2 + 1 \cdot (-2\sqrt{2}) + 3\sqrt{2} \cdot 2 + 3\sqrt{2} \cdot (-2\sqrt{2}) \\ &= (2 - 12) + (-2 + 6)\sqrt{2} \\ &= -10 + 4\sqrt{2}\end{aligned}$$

이와 마찬가지로 복소수의 덧셈과 곱셈은 허수단위 i를 하나의 문자로 생각하여 계산한다. 즉, 덧셈에서 실수부분은 실수부분끼리, 허수부분은 허수부분끼리 계산한다. 곱셈에서는 허수단위 i를 하나의 문자로 생각하여 계산한 다음 i^2을 -1로 바꾸어 놓는다.

즉 a, b, c, d가 실수일 때

$$\begin{aligned}(a + bi) + (c + di) &= (a + c) + (b + d)i \\ (a + bi)(c + di) &= ac + (ad + bc)i + bdi^2 \\ &= ac + (ad + bc)i - bd \\ &= (ac - bd) + (ad + bc)i\end{aligned}$$

이와 같은 방법으로 주어진 복소수 $a + bi$와 그 켤레복소수를 더하면,

$$(a + bi) + \overline{(a + bi)} = (a + bi) + (a - bi) = 2a$$

이다. 따라서 한 복소수와 그 켤레복소수를 더하면, 실수부분의 2배인 실수가 된다.

한편, 복소수 $a + bi$와 그 켤레복소수 $a - bi$를 곱하면 다음과 같다.

$$\begin{aligned}(a + bi)\overline{(a + bi)} &= (a + bi)(a - bi) \\ &= (a^2 + b^2) + (-ab + ab)i = a^2 + b^2\end{aligned}$$

따라서 한 복소수와 그 켤레복소수를 곱하면, 실수부분의 제곱과 허수부분의 제곱을 더한 결과로 덧셈과 마찬가지로 실수가 된다.

한편 실수의 나눗셈은 아무것도 없는 0으로 나눌 수 없다. 복소수의 나눗셈에서도 비어 있는 값으로 나누는 것을 생각할 수 없다. 그래서 나눗셈을 곱셈에 대한 역원을 이용하여 정의한다. 실수 a의 곱셈에 대한 역원은 a와 곱하여 1이 되는 수다. 즉 $a \cdot x = 1$인 x를 구하면 $x = \dfrac{1}{a}$이다.

0이 아닌 복소수 $z = a + bi$에 대하여 z의 역원은 $(a + bi)(x + yi) = 1$을 만족하는 복소수 $x + yi$이다. 복소수의 곱셈에 의하여 $(ax - by) + (ay + bx)i = 1$이므로 $ax - by = 1, ay + bx = 0$이다. 이 두 식을 연립하여 x와 y를 구하면 다음과 같다.

$$x = \frac{a}{a^2 + b^2}, \; y = -\frac{b}{a^2 + b^2}$$

따라서 0이 아닌 복소수 $z = a + bi$의 곱셈에 대한 역원은 다음과 같다.

$$\frac{a}{a^2 + b^2} - \frac{b}{a^2 + b^2}i$$

이때 $(a + bi)\overline{(a + bi)} = a^2 + b^2$이므로 복소수 $z = a + bi$의 역원 $\dfrac{1}{z}$은 다음과 같다.

$$\frac{1}{z} = \frac{a}{a^2 + b^2} - \frac{b}{a^2 + b^2}i = \frac{a - bi}{(a + bi)(a - bi)}$$

여기서 $z = a + bi$이고 $\overline{z} = \overline{a + bi}$ 라 하면 다음과 같다.

$$\frac{1}{z} = \frac{a}{a^2 + b^2} - \frac{b}{a^2 + b^2}i = \frac{a - bi}{(a + bi)(a - bi)} = \frac{\overline{z}}{z\overline{z}}$$

즉, 복소수의 나눗셈은 다음과 같이 분모의 켤레복소수를 분모와 분자에 곱하여 분모를 실수로 만들어 계산한다.

$$
\begin{aligned}
(a + bi) \div (c - di) &= \frac{a + bi}{c + di} = \frac{(a + bi)(c - di)}{(c + di)(c - di)} \\
&= \frac{(ac + bd) + (bc - ad)i}{c^2 + d^2} \\
&= \frac{ac + bd}{c^2 + d^2} + \frac{bc - ad}{c^2 + d^2}i
\end{aligned}
$$

앞의 결과에서 알 수 있듯이 복소수의 나눗셈에서 분모는 허수가 아니고 항상 실수다. 다음 예를 살펴보자.

$$\frac{1-i}{2+i} = \frac{(1-i)(2-i)}{(2+i)(2-i)} = \frac{1-i-2i+i^2}{2^2-i^2}$$

$$= \frac{1-3i}{5} = \frac{1}{5} - \frac{3}{5}i$$

이렇게 나타내야 분모가 허수가 아닌 실재하는 수인 실수로 표현된다.
수학은 분모에 0이나 빈 수가 있는 경우를 참지 못하는 것 같다.

개념 Talk 왜 0으로 나눌 수 없을까?

실수의 나눗셈에서 0으로 나누는 것은 생각할 수 없다. 왜 0으로 나눌 수 없는 걸까?
나눗셈에는 '포함제'와 '등분제' 두 종류가 있다. 예를 들어 6÷2=3은 6속에 2가 3번
포함되어 있다는 포함제고, 다른 하나는 6을 2부분으로 똑같이 나누면 한 부분에 3개
씩 있게 된다는 등분제다.

먼저 포함제에 대하여 알아보자. '사과 6개를 2개씩 묶어서 덜어내면 몇 번 덜어
낼 수 있겠는가?'를 식으로 나타낸 것이 6÷2=3이다. 이것은 또한 〈그림1〉과 같이
6개의 사과를 2개씩 묶어서 3번 빼내면 남는 것이 없게 되므로 6÷2=3은 다음과
같은 뜻이다.

| 그림1 |

$$6 - \underbrace{2 - 2 - 2}_{3번} = 0$$

$$6 - 2 - 2 - 2 = 0$$

이번에는 '사과 6개를 2개의 그릇에 똑같이 나누어 담는 경우, 한 그릇에는 몇 개의 사과가 있겠는가?'를 식으로 나타내면 앞에서와 같이 $6 \div 2 = 3$이고, 〈그림2〉와 같다.

| 그림2 |

그런데 이 경우는 앞에서와 같이 빼기로 나타낼 수 없다. 굳이 나타내려면 다음과 같이 나타내야 한다.

$$6 \begin{array}{c} 1-1-1 \\ \\ 1-1-1 \end{array} = 0$$

하지만 이런 표현은 수학에서 사용하지 않는다. 따라서 두 번째의 경우는 뺄셈식으로는 나타낼 수 없다. 이것이 바로 등분제다.

그렇다면 두 가지 나눗셈 $3 \div \frac{1}{2} = 6$과 $\frac{1}{2} \div 3 = \frac{1}{6}$ 가운데 어떤 것이 포함제이고 어떤 것이 등분제일까?

먼저 $3 \div \frac{1}{2} = 6$의 경우 3개의 사과에서 반쪽씩 빼면 모두 6번을 뺄 수 있다는 것이므로 포함제다. 즉, $3 - \frac{1}{2} - \frac{1}{2} - \frac{1}{2} - \frac{1}{2} - \frac{1}{2} - \frac{1}{2} = 0$이므로 3에는 $\frac{1}{2}$ 이 모두 6번 포함되어 있다는 뜻이다. 하지만 3개의 사과를 반 접시에 나누어 놓을 수 있을까? 반만 있는 접시는 있을 수 없기 때문에 이것은 등분제는 아니다.

한편 $\frac{1}{2} \div 3 = \frac{1}{6}$ 은 '$\frac{1}{2}$ 에서 3을 몇 번 빼면 0이 될까?'라는 포함제로는 풀 수 없다. 이 경우는 사과 반쪽을 세 부분으로 나누면 한 부분에는 얼마만큼의 사과가 있겠는가 하는 등분제가 된다. 이 경우는 〈그림3〉과 같이 되며 뺄셈식으로 나타낼 수 없다.

| 그림3 |

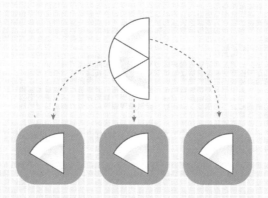

이제 0으로 나누는 경우를 생각해 보자. 먼저 포함제로 생각해 보자. '사과 6개를 0개씩 묶어서 덜어내면 몇 번 덜어낼 수 있겠는가?'를 식으로 나타낸 것이 6÷0이다. 그런데 0개씩 덜어내면 아무리 무한 번 덜어낸다고 하더라도 끝끝내 덜어낼 수 없다. 즉, $6 - 0 - 0 - \cdots - 0 = 0$을 만족하는 횟수는 없다. 따라서 6÷0의 값을 정할 수 없다.

이번에는 등분제로 생각해 보자. '사과 6개를 0개의 접시에 똑같이 나누어 담는 경우, 한 접시에는 몇 개의 사과가 있겠는가?'를 식으로 나타내면 앞에서와 같이 6÷0이다. 그런데 없는 접시에 사과를 담을 수 있을까? 이 경우도 불가능하다.

따라서 포함제이든 등분제이든 0으로 나눌 수 없으므로 $6 \div 0 = \dfrac{6}{0}$ 의 값을 정할 수 없다. 하지만 0을 0이 아닌 수로 나누는 경우는 생각할 수 있다. 하나도 없는 사과를 6개씩 묶어서 덜어내면 0번 덜어낼 수 있고, 0개의 사과를 6개의 접시에 담는다면 각 접시에는 0개의 사과가 있으므로 두 경우 모두 0이다. 따라서 $0 \div 6 = \dfrac{0}{6} = 0$이다.

이처럼 간단한 나눗셈에 사실은 매우 어려운 계산 방법이 있다. 그래서 초등학교에서 나눗셈을 처음 배울 때 학생들이 어려워하는 것이다. 또 이를 확장한 다항식의 나눗셈에 관련된 내용도 어렵다고 생각하게 된다. 하지만 원래의 개념과 원리를 잘 이해하고 있다면 어렵지 않게 문제를 해결할 수 있다.

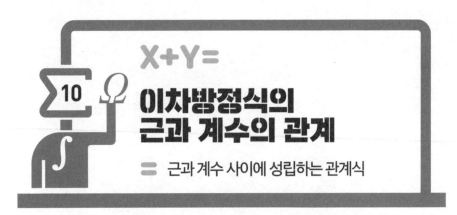

X+Y= 이차방정식의 근과 계수의 관계

∑ 10

= 근과 계수 사이에 성립하는 관계식

우리나라의 자동차번호판은 차량의 용도에 따라 각기 다른 색을 사용한다. 개인이 소유한 일반 차량은 흰색 번호판을 사용하고, 택시와 같은 사업용 차량은 노란색 번호판을 사용한다. 전기차나 수소차와 같은 친환경용 차량은 하늘색 번호판을 사용하며, 회사에서 업무에 사용하는 법인 차는 연두색 번호판을 사용한다. 그래서 우리나라 자동차는 번호판의 색깔만 봐도 그 차의 용도를 쉽게 알 수 있다.

자동차번호판은 글자뿐만 아니라 색깔로도 차의 용도를 구분한다.

이처럼 이차방정식에 대하여도 판별식 $D = b^2 - 4ac$를 이용하면 근을 직접 구하지 않고도 근이 실수인지 허수인지 판별할 수 있다. 즉, 계수가 실수인 이차방정식 $ax^2 + bx + c = 0$의 근의 공식 $x = \dfrac{-b \pm \sqrt{b^2 - 4ac}}{2a}$ 에서 세곱근 $\sqrt{}$ 안의 계산 결괏값에 따라 다음과 같다.

$D = b^2 - 4ac \geq 0$이면 $\sqrt{b^2 - 4ac}$ 는 실수,

$D = b^2 - 4ac < 0$이면 $\sqrt{b^2 - 4ac}$ 는 허수

따라서 계수가 실수인 이차방정식은 복소수 범위에서 반드시 근을 갖는다. 이때 $\sqrt{b^2 - 4ac}$이 실수가 되는 근을 **실근**, $\sqrt{b^2 - 4ac}$가 허수가 되는 근을 **허근**이라고 한다. 결국 이차방정식의 근이 실근인지 허근인지는 판별식의 값이 0 이상인지 미만인지로 알 수 있다.

Σ 이차방정식이 허근을 갖는다면, 두 근은 켤레복소수

여기서 $D = b^2 - 4ac < 0$라 하고 이차방정식이 허근을 갖는 경우의 근을 잘 살펴보자. 이차방정식의 두 근은

$$x = \frac{-b + \sqrt{D}}{2a} = -\frac{b}{2a} + \frac{\sqrt{D}}{2a}, \ x = \frac{-b - \sqrt{D}}{2a} = -\frac{b}{2a} - \frac{\sqrt{D}}{2a}$$

이다. 그런데 $D < 0$이므로 허수단위 i를 사용하여 나타내면 $\sqrt{D} = \sqrt{-D}\,i$이다. 따라서 근호 안이 음수인 두 허근은

$$x = -\frac{b}{2a} + \frac{\sqrt{-D}}{2a}i, \ x = -\frac{b}{2a} - \frac{\sqrt{-D}}{2a}i$$

이다. 이해를 돕기 위해 $-\dfrac{b}{2a} = A$, $\dfrac{\sqrt{-D}}{2a} = B$라 하면 위의 두 근은

$$x = -\frac{b}{2a} + \frac{\sqrt{-D}}{2a}\,i = A + Bi, \, x = -\frac{b}{2a} - \frac{\sqrt{-D}}{2a}\,i = A - Bi$$

이다. 즉, 이차방정식이 허근을 갖는다면 두 근은 $A + Bi$와 이것의 켤레복소수 $A - Bi$이다. 따라서 이차방정식의 근을 하나 구했는데 그것이 $A + Bi$라면 또 다른 근은 구하지 않고도 $A - Bi$임을 알 수 있다.

예를 들어 $x^2 - 2x + 3 = 0$에 대하여 $a = 1, b = -2, c = 3$을 근의 공식에 대입하면 다음과 같다.

$$x = \frac{-(-2) \pm \sqrt{(-2)^2 - 4 \cdot 1 \cdot 3}}{2 \cdot 1}$$

$$= \frac{2 \pm \sqrt{-8}}{2} = 1 \pm \sqrt{2}\,i$$

즉, 이차방정식 $x^2 - 2x + 3 = 0$의 두 근은
$x = 1 + \sqrt{2}\,i$와 $x = 1 - \sqrt{2}\,i$이다. 바꿔 말하면, 다음 등식이 성립한다.

$$(x - (1 + \sqrt{2}\,i))(x - (1 - \sqrt{2}\,i)) = x^2 - 2x + 3$$

Σ 이차방정식 근과 계수의 관계

이제 이차방정식의 두 근의 합과 곱이 각 항의 계수와 어떤 관계가 있는지 알아보자.

근의 공식으로부터 이차방정식 $ax^2 + bx + c = 0$의 두 근 α와 β가 다음과 같다면,

$$\alpha = \frac{-b + \sqrt{b^2 - 4ac}}{2a}, \, \beta = \frac{-b - \sqrt{b^2 - 4ac}}{2a}$$

두 근의 합 $\alpha + \beta$와 곱 $\alpha\beta$는 각각 다음과 같다.

$$\alpha + \beta = \frac{-b + \sqrt{b^2 - 4ac}}{2a} + \frac{-b - \sqrt{b^2 - 4ac}}{2a} = -\frac{b}{a}$$

$$\alpha\beta = \frac{-b + \sqrt{b^2 - 4ac}}{2a} \times \frac{-b - \sqrt{b^2 - 4ac}}{2a} = \frac{c}{a}$$

즉, $ax^2 + bx + c = 0$의 두 근을 α와 β라 하면 다음을 얻는다.

| 근과 계수의 관계 |

$ax^2 + bx + c = 0$의 두 근을 α와 β라고 할 때,

$$\alpha + \beta = -\frac{b}{a}, \ \alpha\beta = \frac{c}{a}$$

한편 이차방정식의 두 근이 α와 β이므로 $ax^2 + bx + c = 0$은 다음과 같이 나타낼 수 있다.

$$ax^2 + bx + c = a(x - \alpha)(x - \beta)$$

이 등식에서 우변을 전개하여 정리하면 다음과 같다.

$$\begin{aligned} ax^2 + bx + c &= a(x - \alpha)(x - \beta) \\ &= a(x^2 - (\alpha + \beta)x + \alpha\beta) \\ &= ax^2 - a(\alpha + \beta)x + a\alpha\beta \end{aligned}$$

따라서 $b = -a(\alpha + \beta), \alpha + \beta = -\frac{b}{a}$ 이고 $c = a\alpha\beta, \alpha\beta = \frac{c}{a}$ 이다.
결국 앞에서와 같은 결과를 얻을 수 있다.

예를 들어, 이차방정식 $x^2 - 2x + 4 = 0$ 의 두 근을 α와 β라 하면 다음과 같다.

$$\alpha + \beta = -\frac{b}{a} = -\frac{-2}{1} = 2, \alpha\beta = \frac{c}{a} = \frac{4}{1} = 4$$

또 두 수 $1 + \sqrt{2}$와 $1 - \sqrt{2}$를 근으로 하고, x^2의 계수가 2인 이차방정식은
$ax^2 + bx + c = a(x - \alpha)(x - \beta)$에서 $a = 2, b = -a(\alpha + \beta), c = a\alpha\beta$
이므로 다음과 같다.

61

$$a = 2$$
$$b = -a(\alpha + \beta) = -2(1 + \sqrt{2} + 1 - \sqrt{2}) = -4$$
$$c = a\alpha\beta = 2 \cdot (1 + \sqrt{2})(1 - \sqrt{2}) = 2 \cdot (1 - 2) = -2$$

따라서 구하는 이차방정식은 다음과 같다.

$$ax^2 + bx + c = 2x^2 - 4x - 2 = 0$$

한편, 이차방정식 $ax^2 + bx + c = 0$이 중근 α를 가지면 주어진 이차방정식은 $a(x - \alpha)^2 = 0$으로 나타낼 수 있다.

지금까지 이차방정식의 근의 공식과 판별식 그리고 근과 계수 사이의 관계를 알아봤다. 이차방정식에서 가장 중요한 것은 근의 공식이고, 특히 근의 공식의 일부분인 판별식이다. 판별식은 많은 곳에서 유용하게 이용되는 수학적 도구이므로 그 개념에 대하여 한 번 더 확인하기를 바란다.

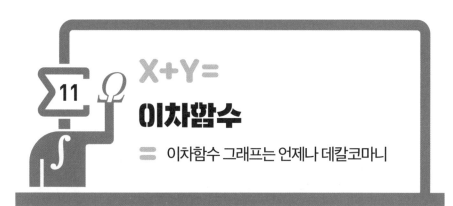

X+Y=
이차함수
= 이차함수 그래프는 언제나 데칼코마니

달은 중력이 약하기 때문에 지구처럼 대기권도 물도 없다. 달이 처음 생겼을 때는 물이 있었을지도 모르지만, 시간이 지나며 공기와 물이 모두 우주로 날아갔을 것으로 추측하고 있다. 그래서 달로 날아오는 유성은 모두 그대로 표면에 충돌해 달 표면에는 많은 분화구가 생겼다. 실제로 달 표면에는 서울시가 수십 개나 들어갈 수 있는 지름이 60~300km인 분화구가 234개나 있다. 공기와 물이 없기에 풍화 작용이 일어나지 않아서 지금도 그 모양이 잘 보존되어 있다.

지구도 달처럼 중력이 약하다면, 공기와 물이 우주로 점차 날아가 하나도 남지 않게 된다. 또 우주에서 날아오는 수많은 유성이 대기층을 그냥 통과하여 지구 표면 여기저기에서 폭발을 일으킬 것이다. 하늘이 파랗게 보이는 이유는 지구의 대기층이 빛을 산란하기 때문이다. 그러나 지구 중력이 약해져 대기를 잡고 있지 못하면 하늘은 점차 깜깜해질 것이다.

달의 중력은 지구 중력의 $\frac{1}{6}$이므로 몸무게가 60kg인 사람이 달에 가면 몸무게는 10kg이 된다. 중력이 이렇게 작기에 재미있는 일이 벌어질 수 있다. 예를 들어 키가 1.6mm에 불과한 벼룩은 자기 키의 130배인 30cm까지 뛰어오른다. 사람으로 치면 키가 170cm인 사람이 자기 키의 130배인 약 220m까지 높이

63

뛸 수 있다는 것이다. 즉, 한 층의 높이가 3m인 건물이라면 약 74층 빌딩을 한 번에 뛰어오를 수 있다. 하지만 문제가 하나 있다. 달에서는 중력이 약하므로 높이 뛰어올랐다가 땅에 떨어지는 시간도 오래 걸린다는 것이다.

∑ 달 궤도선, 자동차, 건축에도 활용되는 이차함수

자유낙하 하는 물체의 속도($v = gt$, g는 중력가속도)는 시간에 비례하고, 거리($d = \dfrac{g}{2}t^2$, g는 중력가속도)는 시간의 제곱에 비례한다. 그래서 220m까지 뛰어올랐다가 땅에 떨어진다고 할 때, 지구에서는 약 6.5초가 걸리는데, 달에서는 약 16초가 걸린다. 게다가 추락할 때 지구에서는 시속 약 234km의 엄청난 속도로 떨어지지만, 달에서는 시속 약 92km로 떨어진다.

2022년 8월 5일, 우리 기술로 독자 개발한 달 탐사선 '다누리(KPLO : Korea Pathfinder Lunar Orbiter)'가 발사되었다. 다누리는 2022년 말 무렵 달 상공 100km 위의 원 궤도에 진입했다. 이제는 다누리를 통해 우리도 달 표면을 카메라와 각종 감지기기를 통해 더 상세히 관측할 수 있게 되었다. 달을 과학적으로 바라볼 수 있게 된 것은, 바로 위에서 소개한 '자유낙하 하는 물체의 떨어진 거리는 시간의 제곱에 비례한다'는 이차함수 덕분이다.

사실 이차함수는 자동차의 안전거리를 구할 때도 이용된다. 질량이 $m$kg인 물체가 초속 vm로 운동하고 있을 때의 운동 에너지를 EJ(줄)이라고 하면 $E = \dfrac{1}{2}mv^2$이 성립한다. 즉 물체의 질량 m이 정해지면 운동 에너지 E는 속력 v에 대한 이차함수다.

그런데 자동차의 제동거리(운전자가 브레이크를 작동한 후 자동차가 정지할 때까지의 거리)는 운동에너지에 정비례한다. 따라서 자동차의 속력이 2배가 되면 운동

에너지는 4배다. 그 결과 자동차의 제동거리도 4배가 된다. 이를테면 시속 100km로 달리는 자동차의 제동거리는 시속 50km로 달리는 자동차의 제동거리의 4배가 된다. 달리는 자동차의 제동거리를 그 자동차의 시속으로 알 수 있으므로, 사고가 일어나지 않을 만큼의 거리인 안전거리를 정할 수 있다.

이차함수는 건물을 지을 때도 활용된다. 건물을 설계할 때 중요한 요소 중 하나는 건축에 사용되는 재료가 중력, 바람, 지진 등에 어느 정도까지 견딜 수 있는지 계산하는 것이다. 특히 바람은 초고층 건물의 측면에 큰 압력을 주게 되는데, 건물 측면이 받는 압력은 바람의 속도와 건물의 모양에 따라 결정된다고 한다. 예를 들어 바람이 시속 $v$km로 불 때, 직육면체 모양의 건물 측면이 받는 압력 p는 $p = 0.017v^2$과 같은 이차함수로 정해진다고 한다.

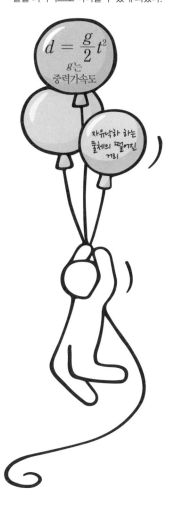

'자유낙하하는 물체의 떨어진 거리는 시간의 제곱에 비례한다'는 이차함수 덕분에 우리는 달을 과학적으로 바라볼 수 있게 되었다.

$$d = \frac{g}{2}t^2$$
g는 중력가속도

자유낙하 하는 물체의 떨어진 거리

Σ 이차함수와 이차방정식

이제 이차함수에 대하여 수학적으로 간단히 알아보자.

두 변수 x와 y에 대하여 x의 값이 정해짐에 따라 y값이 오직 하나씩 정해지는 관계가 있으면 y는 x의 **함수** 라 한다. 일반적으로 함수 $y = f(x)$에서

65

$y = ax^2 + bx + c$ (a, b, c는 상수, $a \neq 0$)와 같이 y가 x에 대한 이차식으로 나타내어질 때, 이 함수를 x에 대한 **이차함수** 라고 한다.

이를테면 거리 d와 시간 t에 대하여 $d = \dfrac{g}{2}t^2$이므로 거리 d는 시간 t의 이차함수다. 또 함수 $y = 2x^2$, $y = 3x^2 - 7$, $y = -x^2 + 7x - 4$등은 y가 x에 대한 이차식이므로 모두 이차함수다. 하지만 함수 $y = 2x - 5$와 $y = \dfrac{2}{x}$은 y가 x에 대한 이차식이 아니므로, 모두 이차함수가 아니다.

이차함수의 그래프는 〈그림1〉과 같이 x축과 서로 다른 두 점에서 만나거나, 한 점에서 만나거나, 만나지 않는다. 따라서 x축과 서로 다른 두 점에서 만나는 점의 y좌표가 0이므로 $(\alpha, 0)$, $(\beta, 0)$으로 나타낼 수 있다. 또 한 점에서 만난다면, 만나는 점은 x축 위에 있으므로 $(\alpha, 0)$으로 나타낼 수 있다. 그래서 이차함수의 식을 이용하면 이

| 그림1. 이차함수의 그래프 |

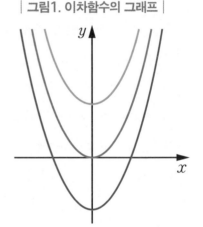

차함수의 그래프와 x축 사이에 위치 관계를 알 수 있다.

이차함수 $y = ax^2 + bx + c$의 그래프와 x축이 만난다면 그 교점의 y좌표는 항상 0이다. 따라서 x좌표는 이차방정식 $ax^2 + bx + c = 0$의 실근과 같다. 그런데 이차함수 $y = ax^2 + bx + c$의 그래프와 x축이 만나지 않으면 $y \neq 0$이다. 즉, 이차방정식 $ax^2 + bx + c = 0$을 만족하는 x값은 없으므로 이차방정식은 실근을 갖지 않는다. 따라서 이차함수 $y = ax^2 + bx + c$의 그래프와 x축의 교점의 개수는 이차방정식 $ax^2 + bx + c = 0$의 실근의 개수와 같다.

한편, 이차함수의 그래프를 **포물선** 이라고 한다. 포물선은 공을 앞으로 던질 때 공이 그리는 곡선이다. 포물선을 볼 수 있는 것으로는 접시 안테나가 있다. 위

성 방송을 시청하려면 인공위성에서 보내는 전파를 수신
할 수 있는 접시 안테나를 설치해야 한다.
이 안테나의 단면은 포물선 모양으로 되어
있다. 포물선은 축에 평행하게 들어온 전파
를 한곳에 모으는 성질이 있다. 그래서 접시
안테나는 인공위성에서 오는 약한 전파를 한
곳에 모아 신호를 강하게 만든다.

지금까지 이차함수와 이차방정식 사이의 관
계에 대하여 간단히 알아봤다. 사실 고등학
교 수학에서는 이차함수와 이차방정식이 매
우 중요하다. 따라서 이차함수와 이차방정식
의 개념을 잘 이해하고 있어야 한다.

접시 안테나의 단면은 포물선 모양으로 되
어 있다. 포물선은 축에 평행하게 들어온 전
파를 한곳에 모으는 성질이 있다. 그래서 접
시 안테나는 인공위성에서 오는 약한 전파
를 한곳에 모아 신호를 강하게 만든다.

이차방정식과 이차함수

= 판별식으로 그래프와 x축의 위치 관계 알기

12
∑

우리가 쉽게 할 수 있는 과학 실험으로 물로켓(water rocket)이 있다. 물로켓은 보통 4월에 있는 '과학의 날' 행사 때 발사 대회를 열기도 하고, 산악 지역에서 능선과 능선 사이에 전선을 설치할 때도 사용된다. 물로켓에 끈을 연결하여 발사한 후 끈에 전선을 연결해 잡아당기면 능선 사이에 전선을 설치할 수 있다. 물로켓은 화재의 위험과 환경오염이 없기에 여러 곳에서 사용된다.

물로켓은 페트병 안에 물을 소량 넣고 펌프로 공기를 압축시켜 물이 분출되는 힘으로 발사하는 로켓 형태의 발사체다. 보통 75~150psi 정도의 압력이 되었을 때 발사하는 것이 좋다고 하며, 지금까지 가장 높이 쏘아 올린 물로켓은 961m까지 올라갔다고 한다.

어느 물로켓이 지면에서 발사된 지점으로부터 수평거리로 xm를 지날 때의 높이를 ym이라 하면 y는 x에 관한 이차함수 $y=-5x^2+25x$로 나타낼 수 있다.

물로켓은 비스듬하게 발사하면 포물선을 그리며 날아간다. 예를 들어, 어느 물로켓이 지면에서 발사된 지점으로부터 수평거리로 xm를 지날 때의 높이를 ym이라 하면 y는 x에 관한 이차함수 $y=-5x^2+25x$로 나타낼 수 있다. 여기서 x^2의 계수가 -5인 이유는 중력과 반대 방향인 위로 쏘아 올리므로 중력가속도 $9.8m/s^2$의 절반이고 방향은 중력과 반대이므로 약 $-4.9m/s^2$인데, 근삿값으로 $-5m/s^2$를 택한 것이다. 이때, $y = -5x^2 + 25x$ 에서 x는 시간이 아니라 물로켓이 발사된 지점으로부터의 수평거리다. 포물선 운동에서 수평 방향의 속력은 일정하므로 시간과 거리 x는 비례 관계에 있다. 따라서 위와 같이 높이 y는 x에 대한 이차함수로 나타난다.

Σ 이차함수의 그래프와 x축의 위치 관계 1

물로켓은 지면에서 발사하면 하늘로 솟구쳤다가 최고점에 도달한 후에 방향 을 바꾸어 지면을 향하게 되고, 마침내 지 면에 도착한다. 즉, 발사할 때와 지면에 도 달했을 때 물로켓의 높이는 $0m$다. 물로 켓이 날아가는 상황을 그림으로 그리면 〈그림1〉과 같은 포물선이다.

물로켓의 높이를 ym라 했으므로 높이가 $0m$이면 $y = 0$임을 뜻한다. 즉 이차함수

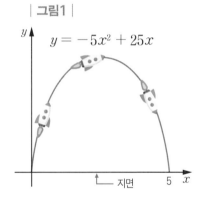

| 그림1 |

$y = -5x^2 + 25x$에서 $y = 0$인 경우를 대입하면 $0 = -5x^2 + 25x$와 같은 이 차방정식이 된다. 특히 좌표평면에서 $y = 0$인 경우는 x축을 의미한다. 일반 적으로 이차함수 $y = ax^2 + bx + c$의 그래프와 x축이 만나는 점의 x좌표는 이차방정식 $ax^2 + bx + c = 0$의 실근과 같으므로 이차함수 $y = ax^2 + bx + c$ 의 그래프와 x축이 만나는 점의 개수는 이차방정식 $ax^2 + bx + c = 0$의 실 근의 개수와 같다.

'이차방정식과 실근' 하면 떠올려야 하는 것이 바로 판별식이다. 이차방정식의

실근의 개수는 판별식 $D = b^2 - 4ac$의 값으로 알 수 있기 때문이다. 그래서 이차함수 그래프의 모양까지 판별식으로만 대강 짐작할 수 있다. 그래프의 모양을 대강이라도 알게 되면 이차함수 또는 이차방정식에 대한 문제를 해결할 때 큰 도움이 된다.

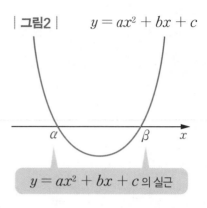

| 그림2 | $y = ax^2 + bx + c$

$y = ax^2 + bx + c$의 실근

다음 표는 이차함수의 그래프와 축의 위치 관계를 판별식 $D = b^2 - 4ac$의 값에 따라 나타낸 것이다.

| 이차함수의 그래프와 x축의 위치 관계 |

$ax^2+bx+c=0$의 판별식 D		$D>0$	$D=0$	$D<0$
$ax^2+bx+c=0$의 근		서로 다른 두 실근	중근	실근을 갖지 않는다.
$y=ax^2+bx+c$의 그래프와 축의 위치 관계		서로 다른 두 점에서 만난다.	한 점에서 만난다. (접한다).	만나지 않는다.
$y=ax^2+bx+c$의 그래프	$a>0$			
	$a<0$			

이를테면 이차함수 $y = x^2 + 4x - 3$의 그래프가 x축과 몇 개의 점에서 만나는지 알고 싶다면 이차방정식 $x^2 + 4x - 3 = 0$의 판별식은 다음과 같다.

$$D = b^2 - 4ac = 4^2 - 4 \cdot 1 \cdot (-3)$$
$$= 16 + 12 = 28 > 0$$

따라서 이차함수 $y = x^2 + 4x - 3$의
그래프는 x축과 두 점에서 만난다. 이때
근의 공식을 이용하면

$$x = \frac{-b \pm \sqrt{b^2 - 4ac}}{2a}$$
$$= \frac{-4 \pm \sqrt{28}}{2} = -2 \pm \sqrt{7}$$

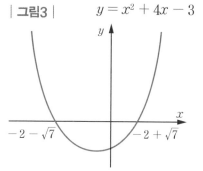

| 그림3 | $y = x^2 + 4x - 3$

이므로 x축과 $-2 - \sqrt{7}$와 $-2 + \sqrt{7}$의 두 점에서 만나고 그래프의 모양은
〈그림3〉과 같음을 알 수 있다.

마찬가지로, 이차함수 $y = -x^2 + 6x - 9$와 $y = x^2 - 5x + 10$에 대하여
판별식을 각각 구하면, $y = -x^2 + 6x - 9$는 $D = 0$이고 $y = x^2 - 5x + 10$는
$D < 0$이다. 따라서 이차함수 $y = -x^2 + 6x - 9$는 x축과 한 점에서 만나고,
이차함수 $y = x^2 - 5x + 10$은 x축과 만나지 않는다. 이때 두 함수의 그래프
는 각각 다음과 같다.

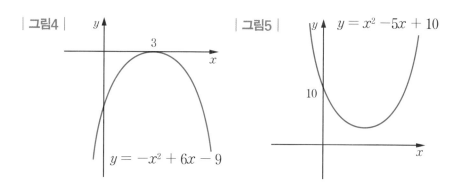

| 그림4 |

| 그림5 |

$y = -x^2 + 6x - 9$

$y = x^2 - 5x + 10$

$\sum$ 이차함수의 그래프와 x축의 위치 관계 2

이차함수의 그래프와 x축의 위치 관계는 보통 판별식을 이용하여 조사하지만,

71

다음과 같은 방법을 이용할 수도 있다. 이차함수 $f(x) = ax^2 + bx + c \, (a > 0)$ 의 그래프는 대칭축에 대하여 대칭이며 끊어진 곳이 없이 연결되어 있다. 이때 〈그림6〉에서 보듯이, 꼭짓점의 x좌표를 p라고 하면

| 그림6 |

$f(x) = ax^2 + bx + c \, (a > 0)$

꼭짓점의 x좌표를 p라고 하면

① $f(p) < 0$: x축과 서로 다른 두 점에서 만난다.

② $f(p) = 0$: x축과 한 점에서 만난다.

③ $f(p) > 0$: x축과 만나지 않는다.

$y = f(x)$

즉, 이차함수 $y = ax^2 + bx + c$에서 꼭짓점의 x좌표는 $-\dfrac{b}{2a}$이므로 $x = -\dfrac{b}{2a}$를 대입하였을 때 y값의 부호로 x축과의 위치 관계를 알 수 있다. 예를 들면 이차함수 $y = x^2 - 2kx + 4$가 x축과 서로 다른 두 점에서 만나려면 꼭짓점의 x좌표는 $x = -\dfrac{b}{2a} = -\dfrac{-2k}{2 \cdot 1} = k$이므로

$$y = k^2 - 2k \cdot k + 4 < 0, \ k^2 - 4 > 0, \ k < -2 \text{ 또는 } k > 2$$

같은 방법으로 $a < 0$일 때에도 꼭짓점의 y좌표의 부호에 따라 x축과의 위치 관계를 알 수 있다.

한편, 이차함수의 그래프(포물선)가 x축과 한 점에서 만날 때, 이 그래프는 x축에 접한다고 하며, 그 한 점을 **접점** 이라고 한다.

다시 강조하지만, 이차함수 또는 이차방정식에서 가장 중요한 것은 근의 공식과 판별식이다. 이 둘의 개념만 확실히 잡고 있어도 이차함수와 이차방정식에 관한 많은 문제를 쉽게 해결할 수 있다.

X+Y=
13 이차함수의 최대와 최소
= 이차함수로 백두산이 폭발했을 때의 상황 예측하기

약 1000년 전인 발해 때에 백두산은 대규모 폭발을 일으켰다. 일설에 의하면, 백두산 폭발로 발해가 멸망했다고 한다. 이때 폭발한 화산재가 홋카이도 등 일본 동북부 지역에 무려 5cm 정도 쌓였다고 하는데, 화산재가 이 정도로 쌓이면 모든 식물은 말라 죽는다고 한다. 과학자들의 연구에 따르면, 백두산은 지난 4000년간 10번에 걸쳐 폭발했다고 한다. 또 백두산 주변에 대한 장기간의 추적 연구 끝에 백두산 천지 아래에 있는 마그마가 3층 구조라는 것을 밝혀냈다.

백두산은 높이가 약 2800m에 달하는 우리 민족의 영산이다. 백두산 천지는 많은 양의 물을 담고 있으며, 약 2200m 지점에 있다. 만약 백두산이 다시 폭발한다면 천지의 물이 넘쳐 주변은 홍수가 나고 용암이 분출되어 큰 재앙이 올 것이라 예상된다. 그래서 백두산이 언제 폭발할지 전 세계가 주목하고 있다. 백두산 폭발로 분출되는 용암이 얼마나

일설에 의하면 발해는 백두산이 대규모 폭발을 일으켜 멸망했다고 한다. 사진은 발해 건국 과정을 그린 KBS 드라마 〈대조영〉의 한 장면.

높이 올라갈 것인지에 따라 지구에 미치는 영향도 알 수 있다. 그런데 이차함수를 이용하면 백두산이 폭발했을 때의 상황을 짐작할 수 있다.

Σ 백두산이 폭발했을 때 용암의 최대 높이

예를 들어, 지면으로부터 높이가 2200m인 지점에서 백두산이 폭발하여 초속 150m의 속력으로 용암을 분출하였을 때, 분출물의 x초 후의 높이를 ym이라고 하면 $y = -5x^2 + 150x + 2200 (x > 0)$의 관계가 성립한다고 할 때, 분출물이 최대로 높이 올라갔을 때의 높이와 그 높이까지 올라가는데 걸리는 시간을 구해 보자.

주어진 이차함수를 완전제곱 꼴로 변형하면 다음과 같다.

그림1.
용암의 최대 높이와 최고점까지 오르는데 걸리는 시간

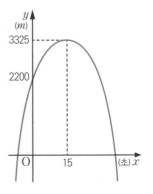

백두산이라는 이름은 화산 폭발 때 생긴 하얀 화산재로 인해 산꼭대기가 사시사철 하얗게 보인다하여 붙여진 이름이다. 만약 백두산이 다시 폭발한다면 천지의 물이 넘쳐 주변은 홍수가 나고 용암이 분출되어 큰 재앙이 올 것이라 예상된다.

$$y = -5x^2 + 150x + 2200$$
$$= -5(x^2 - 30x + 225) + 3325$$
$$= -5(x - 15)^2 + 3325$$

이 이차함수의 그래프를 그리면 〈그림1〉과 같다. 따라서 분출물이 최대로 높이 올라갔을 때의 높이는 3325m이고, 그 높이까지 올라가는데 걸린 시간은 15초임을 알 수 있다. 이처럼 이차함수로 표현되는 여러 가지 상황에서 최댓값 또는 최솟값을 구할 수 있다.

일반적으로 이차함수 $y = ax^2 + bx + c$는 $y = a(x-p)^2 + q$로 변형할 수 있다. x의 값의 범위가 실수일 때, 이차함수 $y = a(x-p)^2 + q$의 최댓값과 최솟값은 다음과 같이 구할 수 있다.

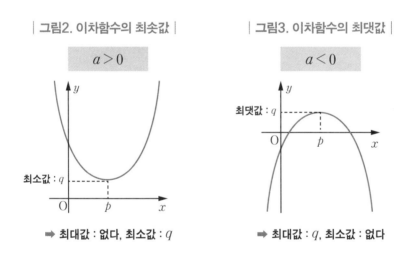

| 그림2. 이차함수의 최솟값 |

$a > 0$

최소값 : q

➡ 최대값 : 없다, 최소값 : q

| 그림3. 이차함수의 최댓값 |

$a < 0$

최댓값 : q

➡ 최대값 : q, 최소값 : 없다

그림에서 $a > 0$ 인 경우, 이차함수의 그래프는 아래로 볼록한 모양이므로 최솟값은 있으나, x가 커지거나 작아짐에 따라 함수의 값이 계속 커지므로 최댓값은 정할 수 없다. $a < 0$인 경우, 이차함수의 그래프는 위로 볼록한 모양이므로 최댓값은 있으나, x가 커지거나 작아짐에 따라 함수의 값이 계속 작아지므로 최솟값은 정할 수 없다.

그래서 x값의 범위가 실수 전체일 때, 이차함수의 식이 주어지면 그래프를 그리지 않아도 이차함수 $y = ax^2 + bx + c$를 $y = a(x-p)^2 + q$로 변형하여 최댓값 또는 최솟값을 구할 수 있다.

Σ x의 범위를 제한했을 때 최댓값과 최솟값

한편, x값의 범위를 $\alpha \le x \le \beta$로 제한하면 이차함수 $y = a(x-p)^2 + q$의 최댓값과 최솟값을 구할 수 있다. 즉, x 값의 범위가 제한되었을 때, 그 범위의 모든 함숫값 중에서 가장 큰 값이 최댓값이고 가장 작은 값이 최솟값이다. 이때 완전제곱식 $(x-p)^2$의 p값에 따라서 최댓값과 최솟값은 다음과 같이 정해진다.

| 이차함수 $y = a(x-p)^2+q$의 최댓값과 최솟값 |

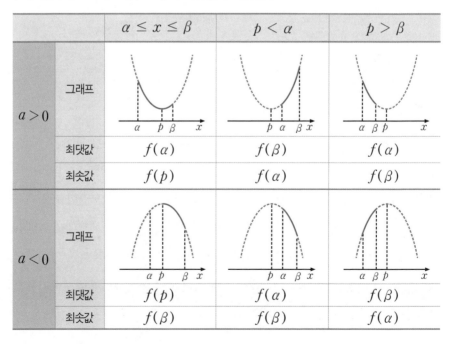

		$\alpha \le x \le \beta$	$p < \alpha$	$p > \beta$
$a > 0$	그래프			
	최댓값	$f(\alpha)$	$f(\beta)$	$f(\alpha)$
	최솟값	$f(p)$	$f(\alpha)$	$f(\beta)$
$a < 0$	그래프			
	최댓값	$f(p)$	$f(\alpha)$	$f(\beta)$
	최솟값	$f(\beta)$	$f(\beta)$	$f(\alpha)$

여기서 $\alpha \le p \le \beta$에 대하여 $a > 0$일 때 최댓값은 $f(\beta)$가 될 수도 있다. 마찬가지로 $a < 0$일 때 최솟값은 $f(\alpha)$가 될 수도 있다. 즉, x의 값의 범위가 $\alpha \le x \le \beta$일 때, 이차함수 $y = a(x-p)^2 + q$의 최댓값과 최솟값은 다음과 같이 정해진다.

$\alpha \le x \le \beta$일 때, 이차함수 $y = a(x-p)^2 + q$의 최댓값과 최솟값

① $\alpha \le p \le \beta$일 때 : $f(\alpha)$, $f(p)$, $f(\beta)$ 중에서 가장 큰 값이 최댓값이고 가장 작은 값이 최솟값이다.

② $p < \alpha$ 또는 $p > \beta$일 때 : $f(\alpha)$와 $f(\beta)$ 중에서 큰 값이 최댓값이고 작은 값이 최솟값이다.

위의 사실로부터 이차함수의 최대와 최소를 구하는 문제를 풀 때, 이차함수의 꼭짓점에서 무조건 최댓값 또는 최솟값을 구할 수 있는 것이 아님을 알 수 있다. 즉, 주어진 구간을 잘 살펴보고, 이차함수의 꼭짓점의 x좌표와 주어진 구간 사이의 관계를 먼저 이해해야 문제를 정확히 해결할 수 있다.

특히 x값의 범위가 제한되었을 때, 이차함수의 최댓값과 최솟값은 그래프를 그려서 구하는 것이 가장 좋은 방법이다. 그래프를 그릴 때, 꼭짓점의 x좌표가 x값의 범위에 포함되는 경우와 포함되지 않는 경우를 구분하여 생각한다. 또 제한된 범위가 끝값을 포함하는 경우와 포함하지 않는 경우를 주의하여 살펴보며 그래프를 그린다. 이런 작업은 공식만 암기한다고 할 수 있는 것이 아니다. 이차함수의 개념과 그래프의 모양에 대한 정확한 이해가 동반되어야 가능하다.

X+Y=
삼차방정식과 사차방정식
= 법정에 선 삼차방정식

독일의 천문학자 케플러(Johannes Kepler, 1571~1630)는 행성의 운동에 관한 세 가지 법칙을 발표했다. 제1법칙은 행성이 태양을 한 초점으로 하는 타원 궤도로 공전한다는 것이고, 제2법칙은 행성과 태양을 연결하는 선분이 같은 시간 동안 쓸고 지나가는 넓이가 일정하다는 것이다. 마지막 제3법칙은 행성 공전 주기의 제곱은 공전 궤도의 긴 반지름의 세제곱에 비례한다는 것이다.

독일의 천문학자 케플러는 행성의 운동에 관한 세 가지 법칙을 발표했다. 케플러 법칙을 이용해 행성의 움직임을 알려면 삼차방정식을 풀 수 있어야 한다.

케플러 제3법칙으로부터 태양과 행성 사이의 거리를 측정할 수 있게 되었다. 그런데 태양과 행성은 매우 멀리 떨어져 있어서 먼 거리를 나타내는 단위가 필요하다. 태양계 천체의 거리를 나타낼 때는 주로 천문단위(AU)를 사용하는데, 1AU는 태양과 지구 사이의 거리다. 이때 행성의 공전 주기를 T년이라 하고 태양과 그 행성 사이의 거리를 RAU라고 하면, 케플러 제3법칙에 의하여 $T^2 = aR^3$이 성립한다.

여기서 a는 비례상수다.

케플러 법칙을 이용하여 행성의 움직임을 알려면 삼차방정식을 풀 수 있어야 한다. 이 경우와 마찬가지로, 실생활에서 해결해야 할 문제를 수학적으로 해결하기 위하여 미지수를 정하고 방정식을 풀어 실생활에 적용하는 방법은 고대부터 다루어졌다. 그래서 방정식의 근을 바로 얻기 위한 공식은 매우 중요했다. 우리에게 가장 잘 알려져 있고 흔히 사용하는 이차방정식의 근의 공식이 바로 이런 경우다. 즉, 일반적인 이차방정식 $ax^2 + bx + c = 0$의 근을 구할 때, 방정식의 계수 a, b, c만을 이용하여 근의 공식 $\dfrac{-b \pm \sqrt{b^2 - 4ac}}{2a}$ 에 대입하여 바로 근을 구할 수 있다. 하지만 삼차 이상의 방정식에 대한 근의 공식을 찾아낸 것은 이차방정식의 근의 공식을 발견한 데 비하면 그리 오래되지 않은 16세기 들어서였다.

Σ 16세기 이탈리아에서 벌어진 삼차방정식 풀이 경쟁

16세기의 가장 극적인 수학적 성취는 이탈리아 수학자들의 삼차방정식과 사차방정식의 대수적 해법의 발견이다. 1515년경에 볼로냐(Bologna) 대학의 수학 교수였던 페로(Scipione del Ferro, 1465~1526)가 $x^3 + mx = n$꼴의 삼차방정식을 대수적으로 풀었으나, 결과를 발표하지 않은 채 제자인 피어(Antonio Maria del Fiore)에게만 그 비밀을 알려주었다.

1535년경에 브레시아(Bresia)의 폰타나(Niccolo Fontana Tartaglia, 1499~1557)가 $x^3 + px^2 = n$꼴의 삼차방정식의 대수적 해법을 발견했다고 주장했다. 그러나 피어는 이것이 거짓이라고 생각하고 폰타나에게 삼차방정식을 푸는 공개 시합을 제안했다. 폰타나는 더욱 열심히 연구하여 시합이 열리기 며칠 전에 이차항이 없는 삼차방정식 $x^3 + mx = n$의 해법도 발견했다. 문제 풀기 시합에는 두 종류의 삼차방정식 문제가 출제되었다. 피어는 그중 한 문제만 풀었으나 폰타나는 모두 풀어 승리했다.

그 후 카르다노(Gerolamo Cardano, 1501~1576)가 폰타나에게 비밀을 지킬 것을 맹세하고 해법을 알아냈다. 그러나 1545년에 카르다노는 약속을 어기고 《위대한 술법》이라는 수학책에 삼차방정식의 해법을 공개했다. 《위대

피어와 삼차방정식 풀기 시합에서 승리한 폰타나. 폰타나는 열두 살 무렵 프랑스군에게 쫓기다가 턱과 입천장을 크게 다쳤다. 상처는 회복되었지만 평생 말하는 데 어려움을 겪으며, 말더듬이라는 뜻의 '타르탈리아(Tartaglia)'로 불렸다.

한 술법》에 실려 있는 삼차방정식 $x^3 + mx = n$의 해법은 다음과 같다.

항등식 $(a - b)^3 + 3ab(a - b) = a^3 - b^3$ 에서 $3ab = m, a^3 - b^3 = n$ 으로 놓으면 $x = a - b$로 주어진다. 이 마지막 두 방정식을 a, b에 관하여 연립하여 풀면

$$a = \sqrt[3]{\frac{n}{2} + \sqrt{\left(\frac{n}{2}\right)^2 + \left(\frac{m}{3}\right)^3}}, b = \sqrt[3]{-\frac{n}{2} + \sqrt{\left(\frac{n}{2}\right)^2 + \left(\frac{m}{3}\right)^3}}$$

이고, 이로부터 근을 구할 수 있다는 것이다.

폰타나는 카르다노에게 항의했고, 삼차방정식의 해법을 누가 먼저 발견했느냐를 두고 재판이 열리게 되었다. 이 재판에서는 이길 자신이 없던 카르다노는 제자를 내세워 폰타나에게 이겼다. 그러나 폰타나와 카르다노의 이런 재판이 열리기 전인 11세기 말경에 이미 아라비아에서는 삼차방정식의 해법이 알려져 있었다.

아라비아에서 삼차방정식의 해법은 오마르 하이얌(Omar Khayyam, 1048~1131)

이 기하학적으로 얻었다. 오마르는 놀랍도록 정교하게 개정한 달력을 만든 것으로 유명하며, 양의 실근을 갖는 모든 형태의 삼차방정식을 기하학적으로 풀었다.

Σ 암기할 필요 없는 삼차방정식과 사차방정식의 근의 공식

삼차방정식은 이차방정식의 근의 공식처럼 간단히 구할 수 없다. 삼차방정식의 근의 공식을 알아보자.

세 실수 p, q, r에 대하여 삼차방정식 $y^3 + py^2 + qy + r = 0$에서 $y = x - \dfrac{p}{3}$라 하고 $a = \dfrac{1}{3}(3q - p^2), b = \dfrac{1}{27}(2p^3 - 9pq + 27r)$라 하면 주어진 삼차방정식은 표준형 $x^3 + ax + b = 0$의 꼴로 나타낼 수 있다. 표준형의 계수 a, b에 대하여 A, B를 다음과 같다고 하자.

$$A = \sqrt[3]{-\frac{b}{2} + \sqrt{\frac{b^2}{4} + \frac{a^3}{27}}}, B = \sqrt[3]{-\frac{b}{2} - \sqrt{\frac{b^2}{4} + \frac{a^3}{27}}}$$

그러면 허수 단위 $i = \sqrt{-1}$에 대하여 삼차방정식의 표준형 $x^3 + ax + b = 0$의 3개의 근 x_1, x_2, x_3는 각각 다음과 같다.

$$x_1 = A + B, \ x_2, \ x_3 = -\frac{1}{2}(A + B) \pm \frac{i\sqrt{3}}{2}(A - B)$$

이것이 바로 삼차방정식 $y^3 + py^3 + qy + r = 0$의 근의 공식이다. 매우 복잡하므로 그냥 이런 공식이 있다는 정도만 알아두고 암기하지는 말 것을 권한다. 사실 암기해도 쓸 데가 없다.

이렇게 복잡한 삼차방정식의 해법을 오마르는 기하학적인 방법으로 해결했다. 하지만 오마르의 기하학적 해법이 간단하지 않으므로 여기서는 소개하지 않겠다.

사차방정식의 해법도 역사적인 과정이 있지만, 삼차방정식의 근의 공식과 마찬가지로 간단히 소개한다.

사차방정식 $y^4 + py^3 + qy^2 + ry + s = 0$은 $y = x - \dfrac{p}{4}$라 하면 다음과 같은 꼴로 나타낼 수 있다.

$$x^4 + ax^2 + bx + c = 0 \cdots\cdots ①$$

여기서 l, m, n이 삼차방정식 $t^3 + \dfrac{a}{2}t^2 + \dfrac{a^2 - 4c}{16}t - \dfrac{b^2}{64} = 0$의 해일 때 ①의 해는 다음과 같다.

$$x_1 = \pm(-\sqrt{l} - \sqrt{m} - \sqrt{n}), \quad x_2 = \pm(-\sqrt{l} + \sqrt{m} + \sqrt{n})$$
$$x_3 = \pm(\sqrt{l} - \sqrt{m} + \sqrt{n}), \qquad x_4 = \pm(\sqrt{l} + \sqrt{m} - \sqrt{n})$$

단, 복호 $\pm$는 $b > 0$일 때 $+$이고 $b < 0$일 때 $-$이다.

이후에 오차방정식 $ax^5 + bx^4 + cx^3 + dx^2 + ex + f = 0$의 근의 공식이 없음이 증명되었다. 즉, 오차방정식을 풀 때 방정식의 계수만을 이용하여 간단히 근을 구할 수 있는 일반적인 방법은 없다는 뜻이다. 그러나 조립제법 등을 이용하여 인수분해가 가능한 오차방정식의 경우는 근을 구할 수 있다.

어쨌든, 현재 증명된 것은 오차 이상 방정식의 근의 공식은 없다는 것이다. 그러니 높은 차수의 방정식은 다항식의 여러 가지 성질을 이용하여 해결해야 한다.

현재 우리나라 고등학교에서는 삼차방정식과 사차방정식의 해를 구하는 것까지만 다루고 있으며, 특히 인수분해를 이용하여 풀 때 인수정리와 조립제법을 이용할 수 있는 문제만 다루고 있다. 그러나 방정식의 형태에 따라 치환 등의 방법을 사용하는 것이 편리할 때도 있다. 실계수인 삼차방정식과 사차방정식은 주로 계수가 정수이고, 유리수 범위에서 인수분해가 되는 경우만 다루므로 인수분해나 조립제법을 잘 활용해야 한다.

X+Y=

15 일차부등식

☰ 부등호를 사용해 수 또는 식의 대소 관계를 나타낸 것

태권도나 권투 또는 레슬링과 같은 운동경기에서는 선수의 몸무게에 따라 체급을 나누고, 각 체급에 속하는 선수끼리 경기하여 그 체급의 승자를 결정한다. 예를 들어, 태권도는 올림픽에서 다음과 같이 남자와 여자가 각각 4체급으로 나뉘어 경기한다.

| 태권도 체급 |

남자부		여자부	
−58kg급	58kg까지	−49kg급	49kg까지
−68kg급	58kg 초과 68kg까지	−57kg급	49kg 초과 57kg까지
−80kg급	68kg 초과 80kg까지	−67kg급	57kg 초과 67kg까지
+80kg급	80kg 초과	+67kg급	67kg 초과

남자 선수의 체중을 $x$kg, 여자 선수의 체중을 $y$kg이라고 할 때, 표의 네 체급을 부등호로 나타내면 다음과 같다.

| 태권도 체급(부등호로 표시) |

남자부		여자부	
−58kg	$x \leq 58$	−49kg	$y \leq 49$
−68kg	$58 < x \leq 68$	−57kg	$49 < y \leq 57$
−80kg	$68 < x \leq 80$	−67kg	$57 < y \leq 67$
+80kg	$x > 80$	+67kg	$y > 67$

Σ 부등식과 등식의 한 가지 다른 성질

보통 등식은 같음을 나타내는 기호인 등호 '='을 사용하여 나타낸 식이고, **부등식**은 부등호 <, >, ≤, ≥를 사용하여 수 또는 식의 크고 작은 관계를 나타낸 것이다. 부등식(不等式)에서 '부(不)'는 '아니다', '등(等)'은 '같다'는 뜻이므로 부등(不等)은 같지 않음을 나타낸다. 따라서 부등식은 '같지 않음을 나타내는 식'이다. 부등식은 영어로 'inequality'라 하는데 이것도 같음을 뜻하는 'equality'의 부정을 나타내기 위하여 접두어인 'in'을 붙인 것이다.

부등식은 다음과 같은 성질이 있는데, 등식의 성질과 매우 비슷하나 결정적으로 다른 성질이 하나 있다.

| 부등식의 기본 성질 |

① 부등식의 양변에 같은 수를 더하거나 빼도 부등호의 방향은 바뀌지 않는다.

$$a < b$$ 이면 $a + c < b + c, a - c < b - c$

② 부등식의 양변에 같은 양수를 곱하거나 같은 양수로 나누어도 부등호의 방향은 바뀌지 않는다.

$$a < b$$ 이고 $c > 0$ 이면 $ac < bc, \frac{a}{c} < \frac{b}{c}$

③ 부등식의 양변에 같은 음수를 곱하거나 같은 음수로 나누면 부등호의 방향은 바뀐다.

$$a < b$$ 이고 $c < 0$ 이면 $ac > bc, \frac{a}{c} > \frac{b}{c}$

위의 성질은 부등호 <을 ≤로, >를 ≥로 바꾸어도 성립한다.

예를 들어, $2 < 3$이므로 $2 + 4 < 3 + 4$, $2 - 4 < 3 - 4$이다. 따라서 성질 ①
이 성립함을 알 수 있다.

또 $2 \times 4 < 3 \times 4$이고 $\frac{2}{4} < \frac{3}{4}$이다. 따라서 성질 ②가 성립함을 알 수 있다.
그런데 ③을 살펴보자. -4를 부등식 $2 < 3$의 양변에 곱하는 경우를 생각해 보
자. $2 \times (-4) = -8$이고 $3 \times (-4) = -12$이며 -8은 -12보다 크다.
이를테면 수직선에 두 수 -8과 -12를 나타내면 -8이 -12보다 오른쪽에
있으므로 더 크다.

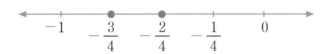

즉 음수인 -4를 부등식의 양변에 곱하면 $2 < 3$이지만 $2 \times (-4) > 3 \times (-4)$
이다. 이는 나눗셈에서도 마찬가지다. 즉, $2 \div (-4) = 2 \times \frac{1}{-4} = -\frac{2}{4}$이
고 $3 \div (-4) = 3 \times \frac{1}{-4} = -\frac{3}{4}$이며 $-\frac{2}{4} > -\frac{3}{4}$이다. 따라서 음수인
-4로 부등식의 양변을 나누면 $2 < 3$이지만 $2 \div (-4) > 3 \div (-4)$이다.

따라서 부등식의 양변에 같은 음수를 곱하거나 같은 음수로 나누면 그 결과 부
등식의 부등호는 방향이 바뀐다.

Σ 부등식의 해를 수직선 위에 표시할 때

부등식의 성질을 이용하면 부등식 $3x - 3 < -x + 5$를 풀 수 있다. 등식에서
와 같이 부등호의 양변에 대하여 미지수가 있는 항은 좌변으로, 상수항은 우변
으로 각각 이항하여 부등식의 해를 구할 수 있다. 즉, 부등식 $3x - 3 < -x + 5$

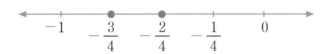

의 우변에 있는 $-x$를 좌변으로 이항하고 좌변의 -3을 우변으로 이항하여 정리하면 $x > 2$를 얻는다. 이것이 부등식 $3x - 3 < -x + 5$의 해다. 부등식의 해는 수직선 위에 다음과 같이 그림으로 나타내면 매우 편리하다. 이때 $x > 2$는 x가 2 초과이므로 2는 포함되지 않는데, 그림에서는 이처럼 포함되지 않는 경우를 반드시 ∘ 으로 나타낸다.

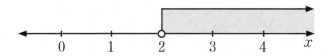

한편, 해가 $x \geq 2$인 경우처럼 2를 포함하는 경우를 수직선 위에 나타낼 때는 다음 그림과 같이 반드시 • 로 나타낸다.

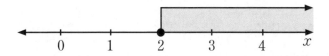

만일 주어진 부등식의 해가 $x < -1$인 경우는 다음 그림과 같이 나타낸다.

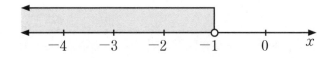

부등식의 해를 수직선 위에 나타내는 것은 다음에 연립부등식의 해를 구할 때 매우 유용하게 이용되므로 반드시 알고 있어야 한다.

일반적으로 일차부등식은 양변을 정리하여

$a \neq 0$일 때, $ax > b, ax \geq b, ax < b, ax \leq b$

와 같은 꼴로 고친 후, 양변을 x의 계수로 나눈다. 이때 계수가 음수이면 부등호의 방향이 바뀌는 것을 염두하고 있어야 한다.

이를테면, 일차부등식 $ax > b$를 풀면 다음과 같다.

| 일차부등식 풀기 |

① $a > 0$일 때, $x > \dfrac{b}{a}$

② $a < 0$일 때, $x < \dfrac{b}{a}$

③ $a = 0$일 때, $b \geq 0$이면 해는 없다.

　　　　　$b < 0$이면 해는 모든 실수다.

부등식에서 가장 주의해야 할 것은 부등식의 양변에 음수를 곱하면 부등호의 방향이 바뀐다는 것이다. 학생들이 이 부분에서 실수하는 경우가 많으므로 부등호의 방향을 반드시 확인해야 한다.

87

X+Y=
연립일차부등식
≡ 그림으로 풀면 쉬워지는 연립부등식

요즘은 휴가를 해외에서 보내는 사람이 많아졌다. 우리
나라는 1980년대 초에 처음으로 여행자유화가 되며 해
외여행 수요가 폭발적으로 증가하였다. 여행자유화 초기
에는 항공기에 가지고 탈 수 있는 수화물 무게가 25kg이
었지만, 지금은 항공사마다 약간의 차이는 있으나 15kg까지로 줄었다고 한다.
예를 들어, 무게가 $x$kg인 물건 2개와 5kg인 물건 한 개를 담았더니 가방의 무
게가 15kg을 초과했고, $x$kg인 물건 한 개와 9kg인 물건 한 개를 담았더니 가
방의 무게가 15kg 이하였다고 하자. 이 물건의 무게는 어느 정도일까?
위 상황을 두 가지로 나눠서 부등식으로 나타내보자.

| ① 무게가 $x$kg인 물건 2개와 5kg인 물건 한 개를 담았더니 여행 가방의 무게가 15kg을 초과했다. | ➡ | $2x + 5 > 15$ |

| ② 무게가 $x$kg인 물건 한 개와 9kg인 물건 한 개를 담았더니 여행 가방의 무게가 15kg 이하였다. | ➡ | $x + 9 \leq 15$ |

무게가 $x$kg인 물건은 앞의 두 식을 동시에 만족해야 한다. 즉, 두 부등식 $2x + 5 > 15$와 $x + 9 \leq 15$를 동시에 만족하는 x값의 범위를 구해야 한다. 이때 이들을 한 쌍으로 묶어 보통 다음과 같이 나타낸다.

$$\begin{cases} 2x + 5 > 15 \\ x + 9 \leq 15 \end{cases}$$

Σ 연립부등식으로 수화물 무게 구하기

이처럼 두 개 이상의 부등식을 한 쌍으로 묶어 나타낸 것을 **연립부등식** 이라고 한다. 특히 일차부등식으로 이루어진 연립부등식을 **연립일차부등식** 이라고 한다. 여기서 연립(聯立)은 한자로 '잇달아 세우다'는 뜻으로 '둘 이상이 어우러져 성립하는 것'을 말한다. 영어로 연립을 'simultaneous'라고 하는데, 이것도 '동시에 존재하는'이란 뜻이다. 마찬가지로 두 개 이상의 방정식을 한 쌍으로 묶어 나타낸 것을 **연립방정식** 이라고 한다.

연립방정식과 연립부등식의 해를 구하는 것을 '푼다'고 하며, 공통의 해를 구해야 한다. 특히 연립부등식에서는 각각의 부등식마다 해의 범위가 있으므로 이들을 각각 구한 후에 모든 해의 공통부분을 찾아야 한다. 이를테면 위의 연립부등식에 대하여 각 부등식의 해를 구하고 수직선 위에 나타내면 다음과 같다.

① $2x + 5 > 15 \Leftrightarrow 2x > 10 \Leftrightarrow x > 5$

② $x + 9 \leq 15 \Leftrightarrow x \leq 6$

이때 두 부등식의 해를 한 수직선 위에 나타내면 다음과 같다.

① $2x + 5 > 15 \Leftrightarrow 2x > 10 \Leftrightarrow x > 5$

② $x + 9 \leq 15 \Leftrightarrow x \leq 6$

따라서 연립부등식의 구하는 해는 $5 < x \leq 6$이다. 즉, 이 물건의 무게는 5kg 을 초과하고 6kg 이하임을 알 수 있다.

Σ 부등호의 방향을 잘 살펴야 하는 이유

연립부등식이 $A < B < C$의 꼴로 주어지는 경우가 있다. 이 연립부등식은 $A < B$와 $B < C$를 하나의 식으로 나타낸 것이다. 그래서 연립부등식 $A < B < C$ 은 $\begin{cases} A < B \\ B < C \end{cases}$로 풀어야 한다. 만일 이 연립부등식을 $\begin{cases} A < B \\ A < C \end{cases}$로 풀면 엉뚱한 결과를 얻게 된다.

간단히 예를 들면 $1 \leq x \leq 2$를 연립부등식으로 나타내면 $\begin{cases} 1 \leq x \\ x \leq 2 \end{cases}$이고, 수직 선 위에 해를 나타내면 다음 그림과 같다.

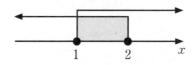

하지만 $\begin{cases} 1 \leq x \\ 1 \leq 2 \end{cases}$와 같이 풀면 다음 그림처럼 잘못된 해를 구하게 된다.

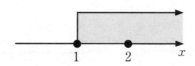

절댓값으로 표현된 부등식을 풀 때도 연립부등식의 풀이법으로 풀어야 한다. 즉, $a > 0$일 때, 절댓값의 뜻에 따라 다음이 성립한다.

(i) $|x| < a$이면 $-a < x < a$

(ii) $|x| > a$이면 $x < -a$ 또는 $x > a$

예를 들어 부등식 $|x-3| < 5$를 풀면 $-2 < x < 8$이고, 수직선 위에 나타내면 다음과 같다.

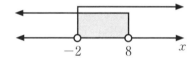

또 부등식 $|2x-1| \geq 3$을 풀면 $x \leq -1$ 또는 $x \geq 2$이고, 수직선 위에 나타내면 다음과 같다.

즉, 절댓값이 포함된 부등식은 부등호의 방향에 따라 해가 안쪽일 수도 있고 바깥쪽일 수도 있다.

하여튼, 부등식을 풀 때는 부등호의 방향을 잘 살펴야 한다.

X+Y=

17 이차부등식과 연립이차부등식

= 부등식보다는 방정식을 어떻게 풀 것인지에 더 집중

지상에서 쏘아 올린 물로켓, 체조 선수가 위로 던진 공, 자유낙하 하는 물체의 시간에 따른 높이의 변화와 관련된 여러 가지 현상은 이차부등식을 이용해 설명할 수 있다. 이를테면, 리듬 체조 선수가 마룻바닥 1m 높이의 위치에서 위로 공을 던져 올렸을 때, x초 후의 공의 높이를 ym이라 하면 $y = -5x^2 + 15x + 1$의 관계가 성립한다고 하자. 이때, 이 리듬 체조 선수가 던진 공이 마룻바닥으로부터 11m보다 높이 있는 시간을 구해 보자.

공의 높이 y가 11m보다 높이 있으려면 $y > 11$이다. 그런데 $y = -5x^2 + 15x + 1$이므로 부등식 $-5x^2 + 15x + 1 > 11$이 성립한다. 이 부등식에서 우변의 상수항을 좌변으로 이항하면 $-5x^2 + 15x - 10 > 0$이고, x^2의 계수가 양수가 되도록 양변을 -5로 나누면 부등호의 방향이 바뀌어 다음 부등식을 얻는다.

$$x^2 - 3x + 2 < 0$$

이때 이차함수 $y = x^2 - 3x + 2 = (x - 1)(x - 2)$의 그래프를 그리면 〈그림1〉과 같다.

| 그림1 |

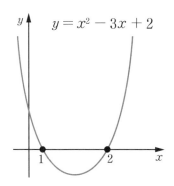

$y = x^2 - 3x + 2$

| 그림2 |

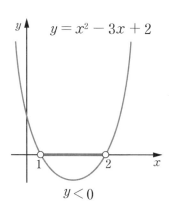

$y = x^2 - 3x + 2$

$y < 0$

이 그래프에서 함숫값이 0보다 작은 경우는 그래프가 x축 아래에 있을 때이므로 x값의 범위는 〈그림2〉와 같이 색칠된 영역인 $1 < x < 2$이다.

Σ 이차부등식의 해와 이차함수 그래프의 관계

위의 예에서 보았듯이 $a > 0$일 때, 이차부등식 $ax^2 + bx + c > 0$과 $ax^2 + bx + c < 0$의 해와 이차함수 $y = ax^2 + bx + c$의 그래프 사이에 다음과 같은 관계가 성립한다.

이차부등식 $ax^2 + bx + c > 0$의 해는 이차함수 $y = ax^2 + bx + c$의 그래프가 x축 위에 있는 x값의 범위이고, 이차부등식 $ax^2 + bx + c < 0$의 해는 이차함수 $y = ax^2 + bx + c$의 그래프가 x축 아래에 있는 x값의 범위다.

따라서 이차방정식 $ax^2 + bx + c = 0 \, (a > 0)$의 판별식을 $D = b^2 - 4ac$라 할 때, 이차함수의

| 그림3 |

$y = ax^2 + bx + c \, (a > 0)$

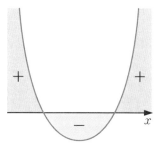

그래프와 이차부등식의 해 사이는 다음과 같다. 여기서 α와 β는 이차방정식 $ax^2 + bx + c = 0$의 해다. 즉 $ax^2 + bx + c = a(x - \alpha)(x - \beta) = 0$이다. 또, $a < 0$일 때는 이차부등식의 양변에 -1을 곱하여 x^2의 계수를 양수로 바꿔 풀면 된다. 물론, 이때 부등호의 방향이 바뀐다는 것을 상기해야 한다.

| 이차함수의 그래프와 이차부등식의 해 사이 관계 |

$ax^2 + bx + c$의 판별식	$D > 0$	$D = 0$	$D < 0$
$y = ax^2 + bx + c$의 그래프			
$ax^2 + bx + c > 0$의 해	$x < \alpha$ 또는 $x > \beta$	$x \neq \alpha$인 모든 실수	모든 실수
$ax^2 + bx + c \geq 0$의 해	$x \leq \alpha$ 또는 $x \geq \beta$	모든 실수	모든 실수
$ax^2 + bx + c < 0$의 해	$\alpha < x < \beta$	없다	없다
$ax^2 + bx + c \geq 0$의 해	$\alpha \leq x \leq \beta$	$x = \alpha$	없다

위의 표에서, 이차방정식 $ax^2 + bx + c = 0$의 판별식이 $D > 0$라면 이차방정식은 서로 다른 두 근 α와 β를 갖는다. 이때 부등식 $ax^2 + bx + c > 0$의 해는 이차함수 $y = ax^2 + bx + c$의 그래프가 x축 위에 있는 x값의 범위다. 즉, 그래프가 x축 위에 있으며 위로 올라가 있는 곡선 부분이다. 그리고 이 부분을 나타내는 x값의 범위는 α보다 작고 β보다 큰 영역이다. 따라서 부등식 $ax^2 + bx + c > 0$의 해는 $x < \alpha$ 또는 $x > \beta$다.

이차방정식 $ax^2 + bx + c = 0$의 판별식이 $D = 0$이라면 이차방정식이 중근 α를 가질 때다. 이때 이차함수의 그래프는 x축 위의 점 $x = \alpha$에서만 만나므로 이차함수 $y = ax^2 + bx + c$의 그래프는 $x = \alpha$를 제외하고 x축 위에 있다. 따라서 부등식 $ax^2 + bx + c > 0$의 해는 $x \neq \alpha$인 모든 실수다.

이차방정식 $ax^2 + bx + c = 0$의 판별식이 $D < 0$이라면 이차방정식의 실근이 없다. 즉, 이차함수 $y = ax^2 + bx + c$의 그래프는 x축과 접하는 점이 하나도 없이 x축 위에 있다. 따라서 부등식 $ax^2 + bx + c > 0$의 해는 모든 실수다. 마찬가지 이유로, 앞의 표에서 이차부등식의 해는 판별식의 값에 따라 쉽게 알수 있다.

지금까지 살펴보았듯이 이차함수와 이차방정식 그리고 이차부등식에서는 판별식은 매우 중요하다. 다시 강조하지만, 판별식으로 이들의 특성을 알 수 있으므로 판별식에 대하여 반드시 이해하고 있어야 한다.

또 앞의 표를 암기하려 하지 말고 판별식에 따라 이차함수의 그래프가 x축과 어떻게 만나는지 생각한다면 이차부등식의 해를 쉽게 구할 수 있다. 수학은 암기가 아니라 이해로부터 시작되므로 수학적 내용에 대한 개념을 이해한 후에 공식을 암기해야 한다.

Σ 이차식이 AB의 꼴로 인수분해 될 때

한편, 주어진 이차식이 AB의 꼴로 인수분해 될 때, 다음 방법으로 부등식을 풀수도 있다.

$AB > 0$이면 A와 B의 부호가 같으므로

$$\begin{cases} A > 0 \\ B > 0 \end{cases} \text{또는} \begin{cases} A < 0 \\ B < 0 \end{cases}$$

$AB < 0$이면 A와 B의 부호가 다르므로

$$\begin{cases} A > 0 \\ B < 0 \end{cases} \text{또는} \begin{cases} A < 0 \\ B > 0 \end{cases}$$

그러나 이차함수와 이차부등식의 관계를 충분히 이해할 수 있도록 그래프를 이용하여 이차부등식을 푸는 것이 가장 바람직하다.

한편 연립부등식에서 차수가 가장 높은 부등식이 이차부등식일 때, 이것을 **연립이차부등식** 이라고 한다. 연립이차부등식을 풀 때도 연립일차부등식의 경우와 마찬가지로, 각 부등식의 해를 구한 후에 이들의 공통부분을 구한다. 또, 결국 부등식은 방정식으로 해를 구한 후에 부등호의 방향을 생각하면 되므로 방정식을 풀 수 있으면 부등식도 풀 수 있다. 따라서 부등식보다는 방정식을 어떻게 풀 것인지에 더 집중해야 한다.

X+Y=
18 합의 법칙과 곱의 법칙
= 사건 A와 B가 동시에 또는 따로 일어나는 경우의 수

미국의 '블랙 프라이데이'를 본떠 만든 '코리아 세일 페스타(매년 11월)' 기간에는 각종 상품을 평소보다 싸게 판매하고, 덧붙여 사은품을 증정하기도 한다. 이를테면 가전제품 상점에서 비싼 TV를 구입하는 고객에게 증정하기 위해 사은품으로 로봇청소기 2종류와 가습기 3종류를 준비했다고 하자. 이때 고객이 로봇청소기 또는 가습기 중에서 한 가지를 선택하는 경우의 수는 몇 가지일까? 또는 로봇청소기 한 가지와 가습기 한 가지를 각각 증정한다고 할 때 고객이 선택할 수 있는 경우의 수는 몇 가지일까?

이처럼 우리 주변에서는 경우의 수를 헤아려야 하는 경우가 종종 있다. 이때 정확한 방법을 이용해야 원하는 경우의 수를 정확히 구할 수 있으며, 어떤 일이 동시에 일어나는지와 동시에 일어나지 않는지에 따라 '합의 법칙'과 '곱의 법칙'을 이용해야 한다.

경우의 수를 정확히 구하려면, 어떤 일이 동시에 일어나는지와 동시에 일어나지 않는지에 따라 '합의 법칙'과 '곱의 법칙'을 이용해야 한다.

Σ 두 사건이 동시에 일어나지 않는 경우

예를 들어, 상점에서 TV를 구입하는 고객에게 로봇청소기 2가지 또는 가습기 3가지 중에서 한 가지를 증정할 때 고객이 택할 수 있는 경우의 수를 구해 보자. 로봇청소기 중에서 한 가지를 택하는 경우의 수는 2이고, 가습기 중에서 한 가지를 택하는 경우의 수는 3이다. 이때 고객은 로봇청소기와 가습기를 동시에 택할 수 없으므로 로봇청소기 2가지 또는 가습기 3가지 중에서 한 가지를 택하는 경우의 수는 $2 + 3 = 5$이다.

일반적으로 반복할 수 있는 실험이나 관찰에 의하여 일어나는 결과를 **사건** 이라고 하며, 동시에 일어나지 않는 두 사건에 대하여 다음과 같은 **합의 법칙** 이 성립한다.

| 합의 법칙 |

두 사건 A와 B가 동시에 일어나지 않을 때
사건 A와 B가 일어나는 경우의 수가 각각 m과 n이면,
사건 A 또는 사건 B가 일어나는 경우의 수는
$m + n$이다.

사건은 뒤에서 소개할 집합을 이용하면 간단히 나타낼 수 있으며, 이때 사건의 경우의 수는 집합의 원소 개수와 같다. 사건 A 또는 사건 B가 일어나는 경우의 수는

$$n(A \cup B) = n(A) + n(B) - n(A \cap B)$$

로 구할 수 있다. 여기서 $n(A \cap B) = 0$일 때 합의 법칙

$$n(A \cup B) = n(A) + n(B)$$

가 성립한다.

예를 들어, 과일 4종류와 과자 5종류가 있을 때, 한 가지를 골라 먹을 수 있는 경우의 수를 구해 보자. 여기서는 과일도 고르고 동시에 과자도 고르는 것이 아니라 과일이나 과자 중에서 한 가지만 선택해야 한다. 따라서 과일과 과자를 선택하는 것은 동시에 일어나는 사건이 아니다. 과일에서 한 가지를 선택하거나 또는 과자에서 한 가지를 선택하므로 경우의 수는 모두 $4 + 5 = 9$이다.

한편, 세 개 이상의 사건 A, B, C에 대하여 어느 두 사건도 동시에 일어나지 않을 때도 합의 법칙이 성립한다. 즉, 세 사건 A, B, C에 대하여 다음과 같은 합의 법칙이 성립한다.

$$n(A \cup B \cup C) = n(A) + n(B) + n(C) - n(A \cap B) - n(B \cap C) \\ - n(C \cap A) + n(A \cap B \cap C)$$

여기서 세 사건 A, B, C 중 어느 두 사건도 동시에 일어나지 않으므로

$$n(A \cap B) = n(B \cap C) = n(C \cap A) = n(A \cap B \cap C) = 0$$

일 때, 합의 법칙

$$n(A \cup B \cup C) = n(A) + n(B) + n(C)$$

가 성립한다.

Σ 두 사건이 동시에 일어나는 경우

이번에는 어떤 두 사건이 동시에 일어나는 경우를 생각해 보자. 앞에서 가전제품 상점에서 비싼 TV를 구입하는 고객에게 로봇청소기와 가습기 한 가지를 각각 증정한다고 할 때 고객이 선택할 수 있는 경우의 수를 알아보자. 즉, 비싼

TV를 구입한 고객에게 로봇청소기도 주고 가습기도 주므로, 로봇청소기와 가습기를 증정하는 것은 동시에 일어나는 사건이다.

이때 수형도를 그리면 경우의 수를 쉽게 구할 수 있다. 수형도는 사건이 일어나는 모든 경우를 나뭇가지 모양의 그림으로 나타낸 것이다. 수형도는 한자로 '樹型圖', 영어로 'tree graph'라 하는데 이는 모두 '나무 모양의 그림'이란 뜻이다.

로봇청소기 중에서 한 가지를 택하는 경우의 수는 2이고, 그 각각에 대하여 가습기 중에서 한 가지를 택하는 경우의 수는 3이다. 따라서 로봇청소기 2가지 중에서 한 가지와 가습기 3가지 중에서 한 가지를 각각 택하는 경우의 수는 $2 \times 3 = 6$이다. 〈그림1〉은 사은품으로 로봇청소기 2종류와 가습기 3종류를 준비하고 동시에 일어나는 경우를 모두 나타낸 수형도이다. 여기서 동시에 일어나는 경우는 로봇청소기도 하나 선택하고 동시에 가습기도 하나 선택하는 것이다.

| 그림1. 수형도(로봇청소기 1가지와 가습기 1가지를 고를 때) |

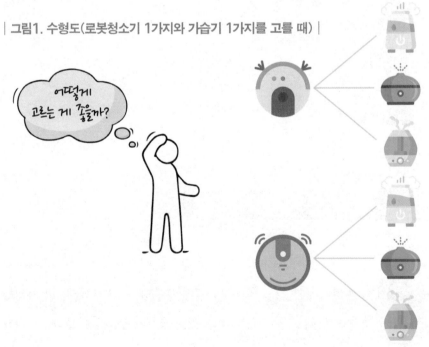

일반적으로 동시에 일어나는 두 사건에 대하여 다음과 같은 **곱의 법칙**이 성립한다.

| 곱의 법칙 |

> 두 사건 A와 B에 대하여 사건 A가 일어나는 경우의 수가 m이고 그 각각에 대하여 사건 B가 일어나는 경우의 수가 n일 때, 두 사건 A와 B가 동시에 일어나는 경우의 수는 $m \times n$이다.

합의 법칙과 마찬가지로 곱의 법칙도 집합을 이용하여 이해할 수 있다. 하지만 곱의 법칙의 경우는 약간 복잡하므로 다음 내용은 그냥 넘어가도 좋다.

두 사건 A와 B가 일어나는 경우의 집합을 각각

$$A = \{a_1, a_2, \cdots, a_m\}, B = \{b_1, b_2, \cdots, b_n\}$$

으로 나타내면 두 사건 A와 B가 동시에 일어나는 모든 경우의 집합은

$$A \times B = \{(a_i, b_j) \mid a_i \in A, b_j \in B, i = 1, 2, \cdots, m, j = 1, 2, \cdots, n\}$$

과 같이 나타낼 수 있다.

즉, 사건 A에 대하여 각각의 a_i가 일어날 때, 사건 B는 n가지 경우가 일어날 수 있다. 따라서 다음이 성립함을 알 수 있다.

$$n(A \times B) = n(A) \times n(B)$$

또 세 사건 A, B, C에 대해서도 다음이 성립한다.

$$n(A \times B \times C) = n(A) \times n(B) \times n(C)$$

예를 들어 서아는 4종류의 셔츠와 3종류의 바지를 가지고 있다고 할 때, 서아가 셔츠와 바지를 각각 하나씩 골라 입을 수 있는 경우의 수를 구해 보자. 셔츠 하나만 입고 바지를 안 입을 수 없으므로 셔츠 하나에 대하여 바지 하나를 선

택하는 것은 동시에 일어나는 사건이다. 따라서 서아가 셔츠를 하나 골라 입는 경우의 수는 4이고, 그 각각에 대하여 바지를 하나 골라 입는 경우의 수는 3이므로 구하는 경우의 수는 $4 \times 3 = 12$이다.

Σ 곱의 법칙으로 약수 구하기

수학 문제 중에서 곱의 법칙을 적용하는 대표적인 사례는 도로망에서 가는 길을 선택하는 것과 어떤 수의 약수의 개수를 구하는 것이다. 이런 문제에 어떻게 곱의 법칙이 적용되는지 여기서는 144의 약수 개수를 구하는 예로 알아보자.

144를 소인수분해 하면 $144 = 2^4 \times 3^2$이다. 여기서 2^4의 약수는 1, 2, 2^2, 2^3, 2^4의 5개고 3^2의 약수는 1, 3, 3^2의 3개다. 이때 오른쪽 표와 같이 2^4의 약수 각각에 대하여 3^2의 약수를 각각 곱하면 144의 약수가 된다. 따라서 구하는 약수의 개수는 곱의 법칙으로부터 $5 \times 3 = 15$이다.

| 144의 약수 구하기 |

$\times$	1	3	3^2
1	1	3	3^2
2	2	2×3	2×3^2
2^2	2^2	$2^2 \times 3$	$2^2 \times 3^2$
2^3	2^3	$2^3 \times 3$	$2^3 \times 3^2$
2^4	2^4	$2^4 \times 3$	$2^4 \times 3^2$

이와 같은 곱의 법칙은 세 개 이상의 사건에서도 성립한다. 이를테면 600을 소인수분해 하면 $600 = 2^3 \times 3 \times 5^2$이다. 여기서 2^3의 약수는 1, 2, 2^2, 2^3의 4개, 3의 약수는 1, 3의 2개, 5^2의 약수는 1, 5, 5^2의 3개이므로 구하는 약수의 개수는 $4 \times 2 \times 3 = 24$이다.

사실 어떤 수의 약수의 개수는 소인수분해를 알면 곱의 법칙으로 간단히 구할 수 있다. 앞에서 144의 소인수분해는 $144 = 2^4 \times 3^2$이었는데, 약수의 개수는 5×3 즉, 2를 거듭제곱한 횟수 4와 3을 거듭제곱한 횟수 2에 각각 1씩 더하여 곱한 $5 \times 3 = (4 + 1) \times (2 + 1)$이다. 마찬가지로 600을 소인수분해 하면 $600 = 2^3 \times 3 \times 5^2$이었는데, 약수의 개수는 각 소인수를 거듭제곱한 횟수에 각각 1씩 더하여 곱했다. 즉, 3, 1, 2에 각각 1씩 더하여 $4 \times 2 \times 3 = (3 + 1) \times (1 + 1) \times (2 + 1)$임을 알 수 있다. 일반적으로 주어진 수 x의 소인수분해가 $x = a^l b^m \cdots c^n$이라면 x의 약수의 개수는 각 소인수를 거듭제곱한 횟수에 1씩 더하여 곱한 $(l + 1)(m + 1) \cdots (n + 1)$이다.

이처럼 개념을 정확히 알면 아무리 복잡한 문제도 간단히 해결할 수 있다. 특히 경우의 수를 구할 때는 빠짐없이 중복되지 않게 모든 경우의 수를 생각해야 한다. 이때 사건이 동시에 일어날 수 있는 사건인지 아닌지를 파악해야 한다. 수형도나 표를 만들어서 그 규칙성을 찾으면 경우의 수를 구하기 편리하다.

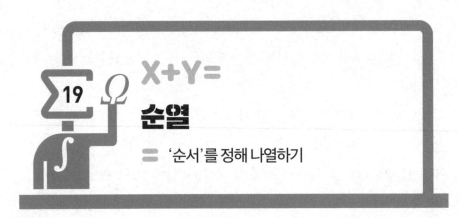

X+Y=
순열
= '순서'를 정해 나열하기

축구에서는 두 팀이 경기에서 점수를 내지 못하고 비겼을 때 승부차기로 최종 승자를 가린다. 이때 각 팀의 선수가 한 번씩 번갈아 가며 5회의 승부차기로 승부를 가린다. 한국스포츠심리학회에 따르면 선수가 가장 부담을 느끼는 승부차기 순서는 1번과 5번이라고 한다. 1번 키커는 먼저 차기 때문에, 5번은 마지막에 차기 때문에 부담감이 크다고 한다. 1번 키커는 가장 먼저 차야 하는데 만일 골을 넣지 못하게 되면 팀 전체에 영향을 미칠 것이고, 마지막인 5번 키커는 만일 골을 넣지 못한다면 팀이 패할 수 있기 때문이다.

Σ 승부차기 키커 순서를 정하는 방법

승부차기할 5명의 키커를 각각 A, B, C, D, E라 할 때, 1번 키커와 5번 키커를 정하는 경우의 수를 알아보자. 먼저 1번 키커를 정하는 경우의 수는 5명 중에서 한 명을 선택하는 것이므로 5다. 예를 들어 A를 1번 키커로 정했다면 5번 키커로는 A를 제외한 나머지 4명의 B, C, D, E 중에서 한 명을 선택해야 한다. 따라서 5명의 선수 중에서 1번과 5번 키커를 순서대로 선택하는 경우의 수는 5 × 4 = 20이고, 이를 수형도로 나타내면 〈그림1〉과 같다.

일반적으로 서로 다른 n개에서 $r(0 < r \le n)$개를 택하여 순서대로 나열하는 것을 n개에서 r개를 택하는 **순열** 이라고 한다. 이때 순열(順列)은 '순서대로 나열'한다는 뜻이다. 이 순열을 기호로 $_n\mathrm{P}_r$와 같이 나타낸다. 여기서 P는 순열을 뜻하는 영어 'Permutation'의 첫 글자에서 따온 것이다.

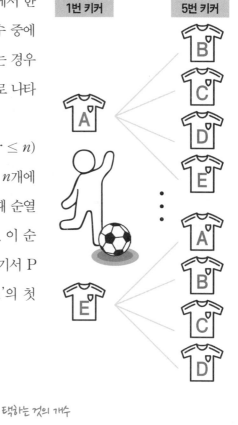

| 그림1. 승부차기 수형도 |

1번 키커   5번 키커

$$_n\mathrm{P}_r$$

서로 다른 것의 개수 ⟶   ⟵ 택하는 것의 개수

이를테면 선발된 키커 5명 중에서 2명을 선택하여 1번과 5번의 순서를 정하는 것과 같이 서로 다른 5개에서 2개를 택하는 순열의 수는 $_5\mathrm{P}_2$이다. 또 회장과 부회장을 뽑는 문제에서는 누가 회장이고 부회장인지 정해야 하므로 순서가 있다. 이런 문제는 순열로 풀어야 한다.

그런데 맛집 5곳 중에서 2곳을 택하여 방문하는 경우를 생각해 보자. 택한 2곳을 순서대로 방문하는 경우의 수는 $_5\mathrm{P}_2$이지만, 5곳 중에서 2곳을 택하여 순서를 생각하지 않고 방문하는 경우의 수는 $_5\mathrm{P}_2$가 아니다. 따라서 경우의 수를 구하는 문제에서 순서를 정해야 하는지 정하지 않아도 되는지에 따라 $_n\mathrm{P}_r$로 구할지 말지가 정해진다. 그래서 경우의 수를 구할 때는 가장 먼저 문제의 뜻을 정확히 파악하는 것이 매우 중요하다.

Σ 층계처럼 하나씩 차례로 곱하기

이제 순열의 수 $_n\mathrm{P}_r$을 구하는 방법을 알아보자. 서로 다른 n개에서 $r\,(0<r\leq n)$개를 택하여 순서대로 나열할 때, 첫 번째 자리에 올 수 있는 경우는 n가지이고, 두 번째 자리에 올 수 있는 경우는 첫 번째 자리에 놓인 1개를 제외한 $(n-1)$가지다. 또 세 번째 자리에 올 수 있는 경우는 앞의 두 자리에 놓인 2개를 제외한 $(n-2)$가지다. 이런 방법으로 계속해 나가면 r번째 자리에 올 수 있는 경우는 앞의 $r-1$개를 제외한 $(n-(r-1))=(n-r+1)$가지다.

첫 번째	두 번째	세 번째	$\cdots$	r번째
$\uparrow$	$\uparrow$	$\uparrow$		$\uparrow$
n가지	$(n-1)$가지	$(n-2)$가지	$\cdots$	$(n-r+1)$가지

따라서 곱의 법칙에 의하여 다음이 성립한다.

$$_n\mathrm{P}_r = \underbrace{n(n-1)(n-2)\cdots(n-r+1)}_{r\text{개}}$$

이때, $_n\mathrm{P}_r = n(n-1)(n-2)\cdots(n-r+1)$은 n에서 $0, 1, 2, \cdots, r-1$을 각각 뺀 r개 수의 곱이다. 따라서 마지막 수는 $n-(r-1)=n-r+1$이 되는 것에 주의한다.

한편, 서로 다른 n개에서 n개를 모두 택하는 순열의 수는 위의 식에서 r 대신에 n을 대입하면 마지막 항이 $n-n+1=1$이므로

$$_n\mathrm{P}_r = n(n-1)(n-2)\cdot\,\cdots\,\cdot 3\cdot 2\cdot 1$$

이다. 여기서 1부터 n까지 자연수를 차례대로 곱한 것을 n의 **계승(階乘)** 이라고 하며 기호로 $n!$로 나타낸다. 계승의 한자에서 '階'는 '층계' 또는 '사닥다리'와 같이 하나씩 이어져 있는 것을 뜻하고 '乘'은 곱한다는 뜻이므로 계승은 층계처럼 하나씩 차례로 곱한다는 뜻이다. 계승은 영어로 'factorial'이라고 한다. 즉,

$$_n\mathrm{P}_r = n! = n(n-1)(n-2)\cdot\,\cdots\,\cdot 3\cdot 2\cdot 1$$

한편, $0 < r < n$일 때 순열의 수 $_n\mathrm{P}_r$을 계승을 이용하여 다음과 같이 나타낼 수 있다.

$$
\begin{aligned}
_n\mathrm{P}_r &= n(n-1)(n-2)\cdots(n-r+1)\\
&= n(n-1)(n-2)\cdots(n-r+1)\\
&\quad \times \frac{(n-r)(n-r-1)\cdot\cdots\cdot 3\cdot 2\cdot 1}{(n-r)(n-r-1)\cdot\cdots\cdot 3\cdot 2\cdot 1}\\
&= \frac{n(n-1)(n-2)\cdots(n-r)(n-r-1)\cdot\cdots\cdot 3\cdot 2\cdot 1}{(n-r)(n-r-1)\cdot\cdots\cdot 3\cdot 2\cdot 1}\\
&= \frac{n!}{(n-r)!}
\end{aligned}
$$

즉,

$$_n\mathrm{P}_r = \frac{n!}{(n-r)!}$$

이다.

그런데 위의 식에서 만일 $r = 0$이라면

$$_n\mathrm{P}_0 = \frac{n!}{(n-0)!} = \frac{n!}{n!} = 1$$

이다. 또 $r = n$이면

$$_n\mathrm{P}_n = \frac{n!}{(n-n)!} = \frac{n!}{0!}$$

이다. 그런데 앞에서 $_n\mathrm{P}_r = n!$이라 했으므로 $_n\mathrm{P}_n = \dfrac{n!}{(n-n)!} = \dfrac{n!}{0!} = n!$

이 성립해야 한다. 따라서

   $0! = 1$

로 정한다.

경우의 수뿐만 아니라 다른 단원의 내용에서도 공식을 암기할 때 이것저것 모두 암기할 필요 없다. 자신이 마음에 들고 가장 잘 암기되는 것 한 가지만 선택하여 암기하면 된다. 이를테면 순열의 경우,

$$_n\mathrm{P}_r = n(n-1)(n-2)\cdots(n-r+1) \text{ 또는 } {}_n\mathrm{P}_r = \frac{n!}{(n-r)!}$$

중에서 하나만 기억하면 된다. 물론 순열의 수 $_n\mathrm{P}_r$에 대한 다른 공식도 많다. 그런 공식을 모두 암기하기보다는 순열에 대한 개념을 정확히 파악하고 있다면, 가장 기본이 되는 공식 하나만 정확히 암기하고 있으면 된다. 너무 많은 공식을 암기하는 것은 오히려 독이 될 수 있다. 어쨌든 순열에서 가장 중요한 것은 '순서'를 정하여 나열하는지 아닌지를 파악하는 것이다.

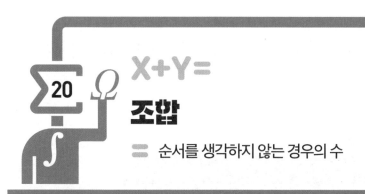

X+Y=
조합
≡ 순서를 생각하지 않는 경우의 수

아이스크림은 여름을 대표하는 간식으로, 역사가 꽤 길다. 지금처럼 부드러운 식감은 아니지만 얼음을 과자 형태로 만들어 먹은 기록이 있다. 얼음과자의 역사는 고대에 음식물을 냉장시키는 것에서 시작하였는데, 기원전 3세기경부터 얼음에 소금과 과일을 넣어 만든 셔벗 형태의 얼음과자를 먹었다고 한다. 서양에서는 고대 그리스의 정복 군주 알렉산드로스(Alexandros the Great, BC 356~323)가 높은 산에서 운반해 온 눈에 꿀, 과일, 우유를 섞어 먹었다고 전해지며, 로마 시대에는 여름에 상점에서 얼음이 든 음료를 팔았다고 한다. 지금과 같은 아이스크림은 1851년 미국에서 농장을 운영하던 제이콥 푸셀(Tacob Fussel, 1819~1912)이 팔고 남은 크림을 얼려서 보관했다 판매한 것에서 유래했다고 한다. 오늘날에는 아이스크림만 전문적으로 판매하는 상점까지 있어서 계절과 관계없이 아이스크림을 즐길 수 있다. 아몬드, 바닐라, 초코, 딸기, 민트의 5가지 맛 아이스크림을 판매하는 가게에서 2가지 아이스크림을 주문할 때, 반드시 순서를 정하여 주문하지 않아도 된다. 서로 다른 5가지 맛에서 순서에 상관없이 2가지를 주문하면 된다. 이런 경우 순열이 아닌 다른 방법으로 경우의 수를 구해야 한다.

Σ 순서 상관없이 2가지 맛 아이스크림 고르기

순열에서는 서로 다른 n개에서 r개를 택하여 순서를 생각하고 나열하는 경우의 수를 다루었는데, 이제 순서를 생각하지 않는 경우의 수에 대하여 알아보자. 5가지 맛 아이스크림에서 2가지를 순서대로 선택하는 경우의 수는 $_5P_2 = 20$ 이다. 그런데 {아몬드, 바닐라}를 선택하는 경우와 {바닐라, 아몬드}를 선택하는 것은 순서를 생각하지 않는다면 같은 선택이므로 한 가지다. 이처럼 순서를 생각하지 않고 2가지를 택하는 경우는 다음과 같이 모두 10가지다.

| 순서를 생각하지 않고 2가지 맛을 선택할 경우 |

{아몬드, 바닐라}, {아몬드, 초코}, {아몬드, 딸기}, {아몬드, 민트},

{바닐라, 초코}, {바닐라, 딸기}, {바닐라, 민트},

{초코, 딸기}, {초코, 민트},

{딸기, 민트}

일반적으로 서로 다른 n개에서 순서를 생각하지 않고 $r (0 < r \leq n)$개를 택하는 것을 n개에서 r개를 택하는 **조합(組合)** 이라고 한다. 조합은 기호로 $_nC_r$와 같이 나타낸다. 여기서 C는 조합을 뜻하는 영어 'Combination'의 첫 글자에서 따온 것이다.

| 조합 기호 |

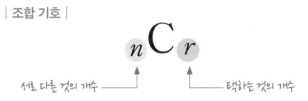

서로 다른 것의 개수 ——————→   ←—————— 택하는 것의 개수

이를테면 5가지 맛 아이스크림에서 서로 다른 맛 2가지를 선택하는 경우의 수
는 $_5C_2$이지만, 서로 다른 맛 2가지를 '순서'대로 선택하는 경우의 수는 $_5P_2$다.
또 회장과 부회장을 뽑을 때, 누가 회장이고 부회장인지 정해야 하는 순서가
있으므로 경우의 수는 순열로 구해야 하지만, 그냥 임원을 뽑는 경우는 순서를
생각하지 않으므로 경우의 수는 조합으로 구해야 한다. 따라서 순열과 조합을
구분할 때 가장 중요한 것은 순서를 생각하는지 생각하지 않는지이다.

Σ 순열을 이용해 조합의 수 구하기

순열과 조합에 대한 보다 구체적인 차이는 차츰 알아보고, 먼저 조합의 수
$_nC_r$을 순열 $_nP_r$을 이용하여 구하는 방법을 알아보자.
앞에서 설명한 것처럼 조합의 수 $_nC_r$은 단순히 n개에서 $r(0 < r \leq n)$개를
선택하는 경우의 수고, 순열 $_nP_r$은 n개에서 r개를 선택한 다음에 선택한
r개를 순서대로 나열하는 경우의 수다. 이때 r개를 순서대로 나열하는 경우
의 수는 $r!$이다.
따라서 곱의 법칙에 의하여

$$_nC_r \times r! = {}_nP_r$$

이다. 즉,

$$_nC_r = \frac{_nP_r}{r!} = \frac{n!}{r!(n-r)!}$$

또 $0! = 1$이고 $_nP_0 = 1$이므로 $_nC_0 = 1$로 정하면, 앞의 등식은 $r = 0$일 때도 성립한다.

예를 들어 5개의 숫자 1, 2, 3, 4, 5 중에서 3개를 선택하는 경우는

$$\{1, 2, 3\}, \{1, 2, 4\}, \{1, 2, 5\} \cdots, \{2, 4, 5\}, \{3, 4, 5\}$$

의 $_5C_3$이고, 그 각각에 대하여 3!가지의 순열을 만들 수 있다. 즉, $\{1, 2, 3\}$은 123, 132, 213, 231, 312, 321과 같이 3!가지의 순열을 만들 수 있다. 그런데 5개에서 3개를 택하는 순열의 수는 $_5P_3$이므로 다음이 성립한다.

$$_5C_3 \times 3! = _5P_3$$

즉,

$$_5C_3 = \frac{_5P_3}{3!}$$

이다.

이것을 일반화하여 얻은 것이

$$_nC_r = \frac{_nP_r}{r!} = \frac{n!}{r!(n-r)!}$$

이다. 조합의 수 $_nC_r$는 매우 다양한 성질이 있어서, 조합의 성질을 묻는 문제는 수학능력시험에 단골로 나온다. 여러 성질 중에서 중요한 성질 두 가지만 알아보자. 조합에서 이 성질은 반드시 기억하고 있어야 한다.

| 조합의 수 $_nC_r$의 성질 |

① $_nC_r = _nC_{n-r}$

② $_nC_r = _{n-1}C_r + _{n-1}C_{r-1}$

자연수 n에 대하여 $0 \leq r \leq n$일 때, $_nC_r$을 계산하면 다음과 같다.

$$_nC_r = \frac{n!}{r!(n-r)!} = \frac{n!}{(n-r)!r!} = _nC_{n-r}$$

따라서 다음이 성립한다.

$$_n C_r = {}_n C_{n-r}$$

즉, 서로 다른 n개에서 r개를 택하는 조합의 수는 그 나머지인 $(n-r)$개를 택하는 조합의 수와 같다. 선택하기만 하면 되므로 n개에서 r개 선택하면 $n-r$개가 남기 때문에 자동으로 n개에서 $n-r$개를 선택한 것과 마찬가지가 된다. 이를테면 서로 다른 종류의 아이스크림 맛에서 2개를 택하는 것이나, 선택한 2개를 제외하면 선택하지 않는 3개를 선택하는 것이나 경우의 수는 같다. 이 식을 이용하면 $_{15}C_{13}$을 구할 때, 15개에서 13개를 선택하는 경우의 수는 15개에서 2개를 선택하는 것과 같으므로

$$_{15}C_{13} = {}_{15}C_2 = \frac{15 \times 14}{2!} = 105$$

와 같이 간단히 조합의 수를 구할 수 있다.

두 번째 중요한 성질은 다음과 같다.

$$_n C_r = {}_{n-1}C_r + {}_{n-1}C_{r-1}$$

위의 사실은 간단한 계산이나 설명으로 각각 확인할 수 있는데, 여기서는 계산으로 알아보자.

$$\begin{aligned}
_{n-1}C_r + {}_{n-1}C_{r-1} &= \frac{(n-1)!}{(r-1)!(n-r)!} + \frac{(n-1)!}{r!(n-r-1)!} \\
&= \frac{r \cdot (n-1)!}{r!(n-r)!} + \frac{(n-r)(n-1)!}{r!(n-r)!} \\
&= \frac{n \cdot (n-1)!}{r!(n-r)!} \\
&= \frac{n!}{r!(n-r)!} = {}_n C_r
\end{aligned}$$

따라서 두 번째 성질도 성립한다.

Σ 순열과 조합 중 어떤 것을 적용해야 할까?

마지막으로 주어진 문제에 순열과 조합을 어떻게 정확하게 적용하는지 알아보자.

예를 들어 8명으로 구성된 힙합동아리에서 임원 3명을 뽑는 경우의 수와 회장, 부회장, 총무를 뽑는 경우의 수를 비교해 보자. 임원 3명을 뽑는 경우는 임원의 순서에 상관없으므로 조합의 수로 구해야 한다. 즉 임원 3명을 뽑는 경우의 수는 $_8C_3 = \dfrac{8 \times 7 \times 6}{3 \times 2 \times 1} = 56$이다.

이렇게 뽑은 임원 3명에게 각각 회장, 부회장, 총무의 직책을 맡기려면 3명을 순서대로 나열하는 것과 같으므로 경우의 수는 $_8C_3 \times 3! = 56 \times 3! = 336$이다.

그런데 처음부터 회장, 부회장, 총무를 뽑는 경우의 수는 8명에서 3명을 뽑아 순서대로 나열하는 것과 같으므로 $_8P_3 = 8 \times 7 \times 6 = 336$이다.

이처럼 경우의 수를 구할 때, 순열과 조합 중에서 어느 것을 사용해야 하는지를 판단하여 문제 해결 전략을 세우는 것이 필요하다. 이때

8명으로 구성된 힙합동아리에서 임원 3명을 뽑는 경우의 수는 56, 회장·부회장·총무를 뽑는 경우의 수는 336이다.

선택에 '순서'가 있어야 하는지 아닌지 정확히 파악해야 한다.

X+Y=

21 행렬

연립방정식 풀이에서 AI까지, 행렬의 쓸모

다음 표는 어느 학생이 일주일 동안 세 과목을 공부한 시간을 나타낸 것이다.

| 학생의 공부 시간 |

	월	화	수	목	금	토	일
수학	1	2	2	1	3	4	2
국어	2	1	0	3	1	2	2
영어	1	2	1	0	1	1	4

이 학생이 공부한 시간을 보기 위하여 과목과 요일을 제거하면 다음과 같이 3개의 행과 7개의 열로 된 직사각형 모양으로 수를 배열할 수 있다.

$$\begin{pmatrix} 1 & 2 & 2 & 1 & 3 & 4 & 2 \\ 2 & 1 & 0 & 3 & 1 & 2 & 2 \\ 1 & 2 & 1 & 0 & 1 & 1 & 4 \end{pmatrix}$$

이렇게 배열하면 위의 표보다 공부한 시간 등을 한눈에 파악하기 쉽다. 이와 같이 여러 개의 수 또는 문자를 직사각형 모양으로 배열하여 괄호로 묶어 나타낸 것을 **행렬(行列)** 이라고 한다. 이때 행렬을 구성하고 있는 각각의 수 또는 문자를 그 행렬의 **성분** 이라고 한다. 또 행렬을 나타내는 괄호는 ( ) 뿐만 아니라

[ ]를 사용하기도 하는데, 고등학교 과정에서는 ( )만 사용한다.

수나 문자를 직사각형 모양으로 배열한 행렬은 '행과 열을 갖는다'는 뜻이 포함되어 있다. 행렬에서 성분을 가로로 배열한 줄을 **행(row)** 이라 하고, 위에서부터 차례로 '제1행, 제2행, 제3행…'이라고 한다. 또 성분을 세로로 배열한 줄을 **열(column)** 이라 하고, 왼쪽에서부터 차례대로 '제1열, 제2열, 제3열…'이라고 한다.

$$
\begin{array}{c}
\text{제5열} \\ \downarrow
\end{array}
$$

제2행 →
$$
\begin{pmatrix}
1 & 2 & 2 & 1 & 3 & 4 & 2 \\
2 & 1 & 0 & 3 & 1 & 2 & 2 \\
1 & 2 & 1 & 0 & 1 & 1 & 4
\end{pmatrix}
$$

일반적으로 m개의 행과 n개의 열로 이루어진 행렬을 $m \times n$행렬이라고 한다. 특히, 행과 열의 개수가 서로 같은 행렬을 정사각행렬이라 하고, $m \times n$행렬을 간단히 n차 **정사각행렬** 이라고 한다. 이를테면 위 행렬은 행이 3개, 열이 7개이므로 3×7 행렬이다. 사실 $m \times n$ 행렬은 그 행렬의 성분이 $m \times n = mn$개 있음을 나타내기도 한다. 행렬은 보통 알파벳 대문자 A, B, C등으로 나타낸다.

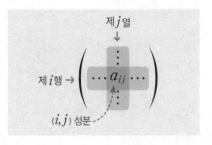

행렬 A에서 제i행과 제j열이 만나는 위치에 있는 성분을 행렬 **A의 (i, j) 성분** 이라 하며, 기호로 a_{ij}와 같이 나타낸다.

예를 들어 3×2 행렬 A를 a_{ij}로 다음과 같이 나타낼 수 있다.

$$A = \begin{pmatrix} a_{11} & a_{12} \\ a_{21} & a_{22} \\ a_{31} & a_{32} \end{pmatrix}$$

일반적으로 행렬 A는 (i, j) 성분을 써서 다음과 같이 간단히 나타내기도 한다.

$$A = (a_{ij})_{m \times n} \text{ 또는 } A = (a_{ij})$$

두 행렬 $A = (a_{ij})_{m \times n}$와 $B = (b_{ij})_{m \times n}$의 행의 개수가 모두 m이고, 열의 개수가 모두 n으로 각각 같을 때, 두 행렬 A와 B는 같은 꼴이라고 한다. 같은 꼴인 두 행렬 A와 B의 대응하는 성분이 각각 같을 때, A와 B는 **'서로 같다'**고 하며 기호로 $A = B$와 같이 나타낸다. 즉, 각각의 i와 j에 대하여 $a_{ij} = b_{ij}$이면 $A = B$이다. 또 $A = B$이면 각각의 i와 j에 대하여 $a_{ij} = b_{ij}$이다. 특히 2차 정사각행렬 $A = \begin{pmatrix} a_{11} & a_{12} \\ a_{21} & a_{22} \end{pmatrix}$와 $B = \begin{pmatrix} b_{11} & b_{12} \\ b_{21} & b_{22} \end{pmatrix}$에 대하여 다음이 성립한다.

$$A = B \text{이면} \begin{cases} a_{11} = b_{11}, \; a_{12} = b_{12} \\ a_{21} = b_{21}, \; a_{22} = b_{22} \end{cases}$$

예를 들어, 다음 행렬을 살펴보자.

$$A = \begin{pmatrix} 2 & 3 \\ -3 & 4 \end{pmatrix}, B = \begin{pmatrix} x & 3 \\ y & 4 \end{pmatrix}, C = \begin{pmatrix} 1 & 2 \\ 2 & 3 \\ 3 & 0 \end{pmatrix}$$

여기서 $A = B$이면 $x = 2$이고 $y = -3$이다. 그런데 A와 C, B와 C는 같은 꼴이 아니므로 $A \neq C$이고 $B \neq C$이다.

Σ 행렬로 연립방정식 풀기

행렬은 행렬의 개념이 없던 고대부터 연립방정식을 풀 때 매우 유용하게 사용되었다. 예를 들어 연립방정식 $\begin{cases} x+y=3 \cdots ① \\ 2x+y=4 \cdots ② \end{cases}$ 를 풀어보자. 이 연립방정

식에서 각 미지수의 계수와 상수는 변하지만 x와 y는 계속 같은 문자를 사용

한다. 이를테면 식 ②에서 식 ①을 빼면 식 ①은 그대로이고 식 ②가 $x=1$로

바뀐다.

즉, 다음과 같다.

$$-\begin{array}{|l} 2x+y=4 \\ x+y=3 \\ \hline x=1 \end{array}$$

그러면 식 ②는 식 ②′으로 바뀌게 된다. 이때 다시 식 ①에서 ②′을 빼면

$x=1$, $y=2$라는 해를 얻는다. 이 과정은 다음과 같다.

$$\begin{cases} x+y=3 \cdots ① \\ 2x+y=4 \cdots ② \end{cases} \Rightarrow \begin{cases} x+y=3 \cdots ① \\ x =1 \cdots ②′ \end{cases}$$

$$\Rightarrow \begin{cases} y=2 \cdots ①′ \\ x=1 \cdots ②′ \end{cases} \Rightarrow \begin{cases} x=1 \cdots ②′ \\ y=2 \cdots ①′ \end{cases}$$

여기서 미지수 x와 y는 계속 같은 문자를 사용하지만, 미지수의 계수와 상수

만 변하는 것을 알 수 있다. 따라서 연립방정식을 풀 때 미지수에 해당하는 계

수와 상수만 행렬로 바꾸면 다음과 같다.

$$A = \begin{pmatrix} 1\,1\,3 \\ 2\,1\,4 \end{pmatrix} \Rightarrow A_1 = \begin{pmatrix} 1\,1\,3 \\ 1\,0\,1 \end{pmatrix} \Rightarrow A_2 = \begin{pmatrix} 0\,1\,2 \\ 1\,0\,1 \end{pmatrix} \Rightarrow A_3 = \begin{pmatrix} 1\,0\,1 \\ 0\,1\,2 \end{pmatrix}$$

이런 행렬을 연립방정식의 계수에 상수를 첨가하여 만든 행렬이라는 뜻으로

첨가행렬 이라고 한다. 첨가행렬 A에서 두 번째 행에서 첫 번째 행을 빼면

A_1을 얻는다. 그리고 두 번째 행에서 첫 번째 행을 빼는 것은 연립방정식에서

식 ②에서 식 ①을 빼는 것과 같은 과정이다. A_1에서 첫 번째 행에서 두 번째

행을 빼면 A_2를 얻고, 마지막으로 두 행을 교환하면 A_3를 얻는다. 결국 A_3가

이 연립방정식의 해를 나타낸다. 이처럼 옛날에는 연립방정식을 행렬로 풀었다. 물론 지금도 연립방정식을 이렇게 풀면 간단히 해를 구할 수 있다.

사실 행렬은 연립방정식을 풀 때만 사용되는 것은 아니다. 행렬은 오늘날 경제와 경영, 정보통신과 암호 등 다양한 분야에서 이용되고 있다. 특히 요즘 인공지능을 연구할 때 행렬에 대한 지식을 필요로한다. 물론 고등학교 과정에서는 2차 행렬 정도만 다루므로 행렬의 유용성을 느끼기 어렵다. 그러나 행렬의 크기가 커져도 행렬에 대한 기본 개념과 성질에 대한 원리는 같으므로 잘 공부해놓기를 바란다.

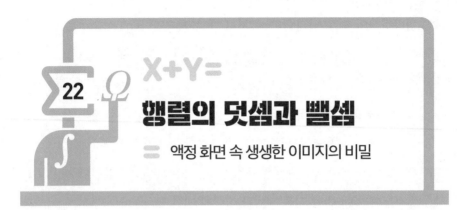

행렬의 덧셈과 뺄셈

액정 화면 속 생생한 이미지의 비밀

컴퓨터가 이미지를 저장하는 방법은 기본적으로 이미지의 검은색 픽셀을 0, 흰색 픽셀을 1로 나타내는 것이다. 이를테면, 아래 왼쪽 이미지를 0과 1로 표현할 수 있고, 0과 1로 이루어진 숫자의 배열에서 원래의 이미지를 찾을 수도 있다. 이처럼 컴퓨터에는 행렬이 다양하게 사용된다.

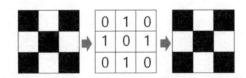

그런데 검은색과 흰색 사이에 회색이나 거무스름한 색 등이 있는 흑백 이미지는 0과 1만으로는 표현할 수 없다.

그래서 검은색은 0으로 하고 완전히 밝은 흰색을 255로 하여, 검은색에서 점차 흰색으로 밝아지는 정도, 즉, 밝은 정도에 따라 0부터

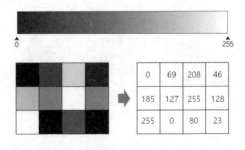

255까지의 수를 사용하여 명암을 나타낸다. 이를테면 위 그림은 각 픽셀에 대하여 흑백 이미지를 밝은 정도에 따른 값으로 나타낸 것이다.

컬러 이미지는 각 픽셀이 빛의 삼원색인 R
(빨강), G(초록), B(파랑)의 세 채널로 구성되
고, 각각의 광원의 세기에 따라 0부터 255까
지의 수로 나타낸다. 각 픽셀의 색상 정보는
RGB 채널의 광원의 세기를 나타내는 수를
(R, G, B)의 순서쌍으로 나타낸다. 이를테면
빨강에서 0은 가장 어두운 빨강, 즉 검정을
나타내고 255는 가장 밝은 빨강을 나타낸다.
예를 들어 R채널의 광원의 세기가 173, G
채널의 광원의 세기가 198, B채널의 광원
의 세기가 235인 클로버 내부 색상은 순서쌍
(173, 198, 235)와 같다. 특히, R, G, B를 하
나도 섞지 않은 검은색은 (0, 0, 0), 모두 섞은
흰색은 (255, 255, 255)다.

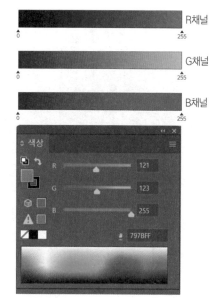

R 173, G 198,
B 235의 컬러 값을
갖는 클로버.

일반적으로 컬러 이미지는 각 픽셀의 색상 정보를 RGB 채널로 분리하여 표현
할 수 있다. 이렇게 하면 하나의 컬러 이미지를 구성하는 모든 픽셀의 RGB 채
널 정보를 세 행렬 R, G, B로 변환하여 나타낼 수 있다. 따라서 세 행렬의 성분
을 적절하게 조절하여 원하는 색상의 이미지를 얻을 수 있다.

한편, 컬러 이미지도 행렬의 연산을 이용하여 합성할 수 있고, 행렬 성분의 값
에 따라 색을 정하는 프로그램을 이용하여 합한 이미지를 나타낼 수 있다. 예
를 들어, 〈그림1〉에서 성분이 파란색 픽셀은 1, 흰색 픽셀은 0으로 하는 행렬을
A, 〈그림2〉에서 성분이 빨간색 픽셀은 2, 흰색 픽셀은 0으로 하는 행렬을 B라

하면, 두 행렬 A와 B는 다음과 같다.

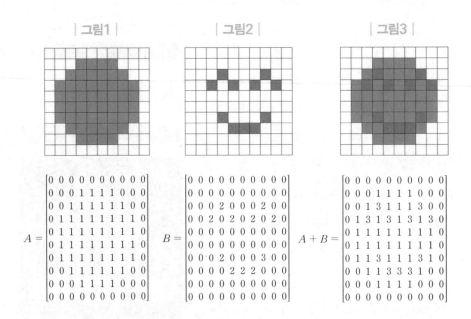

| 그림1 |　　　| 그림2 |　　　| 그림3 |

$$A = \begin{bmatrix} 0&0&0&0&0&0&0&0&0&0 \\ 0&0&0&1&1&1&1&0&0&0 \\ 0&0&1&1&1&1&1&1&0&0 \\ 0&1&1&1&1&1&1&1&1&0 \\ 0&1&1&1&1&1&1&1&1&0 \\ 0&1&1&1&1&1&1&1&1&0 \\ 0&1&1&1&1&1&1&1&1&0 \\ 0&0&1&1&1&1&1&1&0&0 \\ 0&0&0&1&1&1&1&0&0&0 \\ 0&0&0&0&0&0&0&0&0&0 \end{bmatrix}$$

$$B = \begin{bmatrix} 0&0&0&0&0&0&0&0&0&0 \\ 0&0&0&0&0&0&0&0&0&0 \\ 0&0&0&2&0&0&0&2&0&0 \\ 0&0&2&0&2&0&2&0&2&0 \\ 0&0&0&0&0&0&0&0&0&0 \\ 0&0&0&0&0&0&0&0&0&0 \\ 0&0&2&0&0&0&3&0&0&0 \\ 0&0&0&2&2&2&0&0&0&0 \\ 0&0&0&0&0&0&0&0&0&0 \\ 0&0&0&0&0&0&0&0&0&0 \end{bmatrix}$$

$$A+B = \begin{bmatrix} 0&0&0&0&0&0&0&0&0&0 \\ 0&0&0&1&1&1&1&0&0&0 \\ 0&0&1&3&1&1&1&3&0&0 \\ 0&1&3&1&3&1&3&1&3&0 \\ 0&1&1&1&1&1&1&1&1&0 \\ 0&1&1&1&1&1&1&1&1&0 \\ 0&1&1&3&1&1&1&3&1&0 \\ 0&0&1&1&3&3&3&1&0&0 \\ 0&0&0&1&1&1&1&0&0&0 \\ 0&0&0&0&0&0&0&0&0&0 \end{bmatrix}$$

두 행렬 A와 B의 합을 이용하여 이미지를 결합하면 〈그림3〉과 같다. 〈그림3〉
은 행렬 $A + B$에 대하여 3을 빨간색 픽셀, 1을 파란색 픽셀, 0을 흰색 픽셀로
정하여 이미지로 표현한 것이다. 이처럼 행렬의 덧셈을 이용하면 이미지를 합
성할 수 있다.

Σ 행렬의 덧셈, 뺄셈, 실수배

일반적으로 같은 꼴의 두 행렬 A와 B에 대하여 A와 B에 대응하는 각 성분의
합을 성분으로 하는 행렬을 A와 B의 **합**이라 하며 $A + B$와 같이 나타낸다.
마찬가지로 A의 각 성분에서 그에 대응하는 B의 성분을 뺀 것을 성분으로 하
는 행렬을 A에서 B를 뺀 **차**라 하며 기호로 $A - B$와 같이 나타낸다. 고등학

교 과정에서 주로 다뤄지는 2차 정사각행렬의 덧셈과 뺄셈은 다음과 같다.

두 행렬 $A = \begin{pmatrix} a_{11} & a_{12} \\ a_{21} & a_{22} \end{pmatrix}$ 와 $B = \begin{pmatrix} b_{11} & b_{12} \\ b_{21} & b_{22} \end{pmatrix}$ 에 대하여

$$A + B = \begin{pmatrix} a_{11} + b_{11} & a_{12} + b_{12} \\ a_{21} + b_{21} & a_{22} + b_{22} \end{pmatrix}, A - B = \begin{pmatrix} a_{11} - b_{11} & a_{12} - b_{12} \\ a_{21} - b_{21} & a_{22} - b_{22} \end{pmatrix}$$

한편, 모든 성분이 0인 행렬을 **영행렬** 이라 하며 O으로 나타낸다. 이때 영행렬

은 연산하는 행렬과 같은 꼴로 생각한다. 그래서 $(0\ 0)$, $\begin{pmatrix} 0 \\ 0 \end{pmatrix}$, $\begin{pmatrix} 0 & 0 \\ 0 & 0 \end{pmatrix}$, $\begin{pmatrix} 0 & 0 & 0 \\ 0 & 0 & 0 \\ 0 & 0 & 0 \end{pmatrix}$, $\cdots$

와 같이 모든 성분이 0인 행렬은 모두 O으로 나타낸다. 또 행렬 A의 모든 성

분의 부호를 바꾼 행렬을 $-A$로 나타내고 A의 **음행렬** 이라고 한다. 이를테면

$A = \begin{pmatrix} 1 & -2 \\ 0 & 4 \end{pmatrix}$ 일 때, $-A = \begin{pmatrix} -1 & 2 \\ 0 & -4 \end{pmatrix}$ 이다. 영행렬 O은 수의 덧셈과 뺄셈

에서와 같은 항등원의 역할을 하고 $-A$는 덧셈의 역원이다. 즉 다음이 성립한다.

$$A + O = O + A = A, A + (-A) = (-A) + A = O$$

마지막으로 행렬의 **실수배** 에 대하여 알아보자.

일반적으로 실수 k에 대하여 행렬 A의 각 성분을 k배 한 것을 성분으로 하는

행렬을 행렬 A의 k배라 하며, 기호로 kA와 같이 나타낸다. 이를테면 2×2 행

렬의 실수배는 다음과 같다.

실수 k와 행렬 $A = \begin{pmatrix} a_{11} & a_{12} \\ a_{21} & a_{22} \end{pmatrix}$ 에 대하여

$$kA = \begin{pmatrix} ka_{11} & ka_{12} \\ ka_{21} & ka_{22} \end{pmatrix}$$

예를 들어 행렬 $A = \begin{pmatrix} 2 & -1 \\ 0 & -3 \end{pmatrix}$ 에 대하여

$$5A = \begin{pmatrix} 5 \times 2 & 5 \times (-1) \\ 5 \times 0 & 5 \times (-3) \end{pmatrix} = \begin{pmatrix} 10 & -5 \\ 0 & -15 \end{pmatrix}$$

특히 행렬의 실수배로부터 $(-1)A = -A$이다. 행렬의 덧셈과 뺄셈 그리고

실수배는 행렬 연산의 기본이고 행렬의 곱셈을 정의하는데 꼭 필요한 요소다.

23 행렬의 곱셈

$X+Y=$

$= m \times k$ 행렬 A와 $k \times n$ 행렬 B의 곱

헬스클럽에서는 매달 일정한 이용료를 내고 운동하는 회원과 개인적으로 PT(Personal Training)를 받는 회원이 있다. 다음 〈표1〉은 두 헬스클럽 '근육헬스클럽'과 '날씬헬스클럽'에서 판매하는 기본요금과 PT 1회 요금을 나타낸 것이고, 〈표2〉는 수아와 인우가 두 헬스클럽을 이용한 횟수를 나타낸 것이다.

| 표1. 헬스클럽 요금 |

(단위 : 만 원)

	기본	PT
근육헬스클럽	3	5
날씬헬스클럽	4	6

| 표2. 수아와 인우의 헬스클럽 이용 횟수 |

(단위 : 횟수)

	수아	인우
기본	7	4
PT	2	9

〈표1〉과 〈표2〉를 다음과 같이 각각 행렬 A와 B로 간단히 나타낼 수 있다.

$$A = \begin{pmatrix} a_{11} & a_{12} \\ a_{21} & a_{22} \end{pmatrix} = \begin{pmatrix} 3 & 5 \\ 4 & 6 \end{pmatrix}, B = \begin{pmatrix} b_{11} & b_{12} \\ b_{21} & b_{22} \end{pmatrix} = \begin{pmatrix} 7 & 4 \\ 2 & 9 \end{pmatrix}$$

이때 수아와 인우가 두 헬스클럽에 지불한 금액을 표로 나타내면 다음과 같다.

| 표3. 수아와 인우가 헬스클럽에 지불한 금액 |

(단위 : 만 원)

	수아	인우
근육헬스클럽	3×7+5×2	3×4+5×9
날씬헬스클럽	4×7+6×2	4×4+6×9

Σ 교환법칙은 성립 안 하고, 결합법칙 · 분배법칙은 성립

이 표를 나타낸 행렬을 C라 하면 다음과 같다.

$$C = \begin{pmatrix} c_{11} & c_{12} \\ c_{21} & c_{22} \end{pmatrix} = \begin{pmatrix} 3 \times 7 + 5 \times 2 & 3 \times 4 + 5 \times 9 \\ 4 \times 7 + 6 \times 2 & 4 \times 4 + 6 \times 9 \end{pmatrix} = \begin{pmatrix} 31 & 57 \\ 40 & 70 \end{pmatrix}$$

그런데 행렬 C의 각 성분을 좀 더 자세히 살펴보면 다음과 같다.

$$c_{11} = 3 \times 7 + 5 \times 2, \quad c_{12} = 3 \times 4 + 5 \times 9,$$
$$c_{21} = 4 \times 7 + 6 \times 2, \quad c_{22} = 4 \times 4 + 6 \times 9$$

각각의 수를 두 행렬 A와 B의 성분으로 표시하면 다음과 같다.

$$c_{11} = 3 \times 7 + 5 \times 2 = a_{11}b_{11} + a_{12}b_{21},$$
$$c_{12} = 3 \times 4 + 5 \times 9 = a_{11}b_{12} + a_{12}b_{22},$$
$$c_{21} = 4 \times 7 + 6 \times 2 = a_{21}b_{11} + a_{22}b_{21},$$
$$c_{22} = 4 \times 4 + 6 \times 9 = a_{21}b_{12} + a_{22}b_{22}$$

이때 행렬 C를 두 행렬 A와 B의 곱이라 하면 기호로 $AB = C$와 같이 나타낸다. 즉, 두 2차 정사각행렬 $A = \begin{pmatrix} a_{11} & a_{12} \\ a_{21} & a_{22} \end{pmatrix}$와 $B = \begin{pmatrix} b_{11} & b_{12} \\ b_{21} & b_{22} \end{pmatrix}$에 대하여

$$AB = \begin{pmatrix} a_{11}b_{11} + a_{12}b_{21} & a_{11}b_{12} + a_{12}b_{22} \\ a_{21}b_{11} + a_{22}b_{21} & a_{21}b_{12} + a_{22}b_{22} \end{pmatrix}$$

이다.

$$\begin{pmatrix} ① \longrightarrow \\ \\ ② \longrightarrow \end{pmatrix} \begin{pmatrix} ① & ② \\ \downarrow & \downarrow \end{pmatrix} = \begin{pmatrix} ① \times ① & ① \times ② \\ \\ ② \times ① & ② \times ② \end{pmatrix}$$

일반적으로 $m \times k$ 행렬 A와 $k \times n$ 행렬 B에 대하여 행렬 A의 제i행의 성분과 행렬 B의 제j열의 성분을 각각 차례대로 곱하여 더한 값을 (i, j)성분으로 하는 행렬을 두 행렬 A와 B의 곱 AB라 한다. 이때 $m \times k$ 행렬 A와 $k \times n$ 행렬 B의 곱 AB는 $m \times n$행렬이다. 즉, 행렬 A의 행의 성분의 개수가 행렬 B의 열의 성분의 개수와 같아야 두 행렬을 곱할 수 있다. m개의 행과 n개의 열에서 각각 k개의 성분을 곱하여 더한 것이 두 행렬을 곱한 결과이므로, 곱한 결과 행이 m개 열이 n개인 $m \times n$행렬이 된다.

| $m \times k$행렬 A와 $k \times n$행렬 B의 곱 |

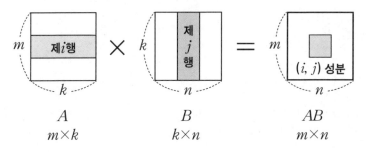

$$\begin{matrix} A & B & AB \\ m \times k & k \times n & m \times n \end{matrix}$$

행렬의 곱에서 정사각행렬 A의 거듭제곱을 각각 다음과 같이 나타낸다.

$$A \times A = AA = A^2, \quad A^2 \times A = A^2A = A^3,$$

$$A^3 \times A = A^3A = A^4, \cdots$$

여기서 행렬의 거듭제곱은 행의 개수와 열의 개수가 같은 정사각행렬에서만 가능하다.

한편, 실수에서는 곱셈에 대하여 교환법칙이 성립한다. 즉, 두 실수 a와 b에 대하여 $ab = ba$다.

하지만 행렬에서는 일반적으로 곱셈에 대한 교환법칙이 성립하지 않는다. 즉 $AB \neq BA$이다. 예를 들어 두 행렬 $A = \begin{pmatrix} 1 & 2 \\ 3 & 4 \end{pmatrix}$와 $B = \begin{pmatrix} 1 & 0 \\ -1 & 1 \end{pmatrix}$에 대하여

$$AB = \begin{pmatrix} 1 & 2 \\ 3 & 4 \end{pmatrix}\begin{pmatrix} 1 & 0 \\ -1 & 1 \end{pmatrix} = \begin{pmatrix} -1 & 2 \\ -1 & 4 \end{pmatrix}, \ BA = \begin{pmatrix} 1 & 0 \\ -1 & 1 \end{pmatrix}\begin{pmatrix} 1 & 2 \\ 3 & 4 \end{pmatrix} = \begin{pmatrix} 1 & 2 \\ 2 & 2 \end{pmatrix}$$

이다. 따라서 $AB \neq BA$이다. 하지만 항상 $AB \neq BA$인 것은 아니며, 어떤 행렬에 대하여 $AB = BA$인 경우도 있다.

마지막으로 행렬의 곱셈에서 항등원 역할을 하는 행렬에 대하여 알아보자.

정사각행렬 중에서 $\begin{pmatrix} 1 & 0 \\ 0 & 1 \end{pmatrix}, \begin{pmatrix} 1 & 0 & 0 \\ 0 & 1 & 0 \\ 0 & 0 & 1 \end{pmatrix}$과 같이 왼쪽 위에서 오른쪽 아래로 내려가는 대각선의 성분은 모두 1이고, 그 외의 성분은 모두 0인 정사각행렬을 **단위행렬** 이라 한다. 단위행렬을 고등학교 수학에서는 기호 E로 나타낸다. 그러나 대학 이상에서는 단위행렬을 영어로 'Identity matrix'라 하기에 n차 단위행렬을 I_n로 나타낸다. 즉, 다음과 같이 나타낸다.

$$I_2 = \begin{pmatrix} 1 & 0 \\ 0 & 1 \end{pmatrix}, \ I_3 = \begin{pmatrix} 1 & 0 & 0 \\ 0 & 1 & 0 \\ 0 & 0 & 1 \end{pmatrix}$$

일반적으로 실수의 곱셈에서 $a \times 1 = 1 \times a = a$인 것과 마찬가지로 행렬에서는 n차 단위행렬 I_n과 n차 정사각행렬 A에 대하여 $AI_n = I_nA = A$가 성립한다. 기호가 다르다고 성질이 달라지는 것은 아니다. 고등학교 수학에서 단위행렬을 E로 나타내므로 이에 대한 개념을 잘 알아두면 대학 이상에서 E 대신 I_n로 바꾸면 된다.

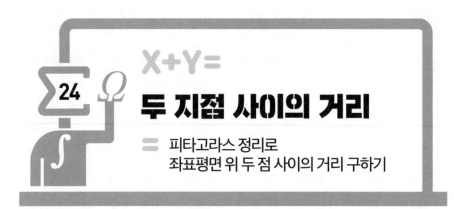

두 지점 사이의 거리

= 피타고라스 정리로
좌표평면 위 두 점 사이의 거리 구하기

예전에 자가용을 운행하는 사람들은 대부분 자동차 안에 지도책이 있었다. 지리를 잘 모르는 지역으로 여행하려면 먼저 자기가 가려는 곳의 지도를 보고 목적지를 미리 확인해야 했다. 또 자신이 출발하려는 지점에서 목표지점까지 어떤 도로를 이용할지도 지도책을 보고 결정했다. 그러나 요즘은 GPS를 이용한 내비게이션이 대중화되어 지도를 보지 않고도 목적지까지 안전하게 도착할 수 있다. 특히 내비게이션으로부터 도착지까지의 시간과 거리 등을 자세히 안내받을 수 있다.

| 그림1 |

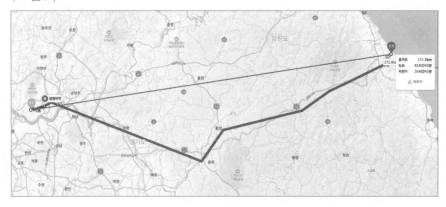

그런데 두 지점을 잇는 직선거리와 실제 자동차가 운행하는 거리는 다르다. 이를테면, 〈그림1〉을 보면 서울시청에서 경포호까지 버스를 타고 가려면 멀리 돌아가야 하지만, 서울시청과 경포호 사이의 직선거리는 171.8km임을 알 수 있다. 이처럼 실생활에서 두 지점 사이의 직선거리를 구할 때가 종종 있다.

Σ 피타고라스 정리 복습!

수직선 위의 한 점 A에 실수 a가 대응될 때, 실수 a를 점 A의 좌표라 하고, 기호로 A(a)와 같이 나타낸다. 수직선 위의 두 점 A(a)와 B(b) 사이의 거리 $\overline{\rm AB}$는 다음과 같이 구한다.

$a \leq b$일 때 $\overline{\rm AB} = b - a$

$a > b$일 때 $\overline{\rm AB} = a - b$

수직선 위의 두 점 사이의 거리를 오른쪽에 있는 수에서 왼쪽에 있는 수를 빼서 구할 수 있지만, 좌표평면 위에서는 피타고라스 정리를 이용해야 한다.

중학교에서 배운 **피타고라스 정리** 는 직각삼각형에서 세 변의 길이 사이의 관계에 대한 것

이다. 즉, 오른쪽 그림과 같은 직각삼각형에서 $a^2 + b^2 = c^2$이 성립하는 것이 피타고라스 정리다. 이 정리를 이용하면 좌표평면 위에 있는 두 점 사이의

거리도 구할 수 있다. 따라서 피타고라스 정리를 먼저 복습한 다음 좌표평면 위의 두 점 사이의 거리를 구하는 공식을 이해하면 좋다.

Σ 좌표평면 위 두 점 사이의 거리 구하기

이제 좌표평면 위의 두 점 $A(x_1, y_1)$ 와 $B(x_2, y_2)$ 사이의 거리를 구해 보자. 〈그림2〉와 같이 두 점 A와 B에서 각각 x축과 y축에 평행하게 그은 두 직선의 교점을 C라고 하면 삼각형 ABC는 직각삼각형이다. 이때 점 C의 좌표는 (x_2, y_1)다. 그러면 선분

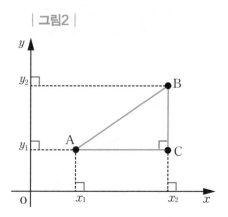

| 그림2 |

AC와 선분 BC의 길이는 수직선 위의 두 점 사이의 길이를 구하는 방법으로부터

$$\overline{AC} = |x_2 - x_1| \text{ 이고 } \overline{BC} = |y_2 - y_1|$$

이다.

직각삼각형 ABC에서 두 변 $\overline{AC}$와 $\overline{BC}$의 길이를 구했으므로 피타고라스 정리를 이용하여 빗변 $\overline{AB}$의 길이를 구할 수 있다. 즉,

$$\begin{aligned}
\overline{AB}^2 &= \overline{AC}^2 + \overline{BC}^2 \\
&= |x_2 - x_1|^2 + |y_2 - y_1|^2 \\
&= (x_2 - x_1)^2 + (y_2 - y_1)^2
\end{aligned}$$

따라서

$$\overline{AB} = \sqrt{(x_2 - x_1)^2 + (y_2 - y_1)^2}$$

이다. 특히 원점 $O(0, 0)$과 점 $A(x_1, y_1)$ 사이의 거리는 다음과 같다.

$$\overline{OA} = \sqrt{x_1^2 + y_1^2}$$

예를 들어, 두 점 $A(2, -1)$과 $B(3, 1)$ 사이의 거리는 다음과 같다.

$$\begin{aligned}\overline{AB} &= \sqrt{(x_2 - x_1)^2 + (y_2 - y_1)^2} \\ &= \sqrt{(3-2)^2 + (1-(-1))^2} \\ &= \sqrt{1^2 + 2^2} = \sqrt{5}\end{aligned}$$

한편, 좌표평면에서 두 점 사이의 거리를 구하는 방법을 이용하면 세 점을 꼭짓점으로 하는 삼각형이 직각삼각형인지 아닌지 알 수 있다. 예를 들어 세 점 $A(2, 2), B(-4, -1), C(4, -2)$

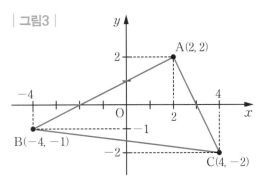

| 그림3 |

를 꼭짓점으로 하는 삼각형 ABC의 각 변의 길이를 구하면 다음과 같다.

$$\overline{AB} = \sqrt{(-4-2)^2 + (-1-2)^2} = \sqrt{45}$$
$$\overline{BC} = \sqrt{(4+4)^2 + (-2+1)^2} = \sqrt{65}$$
$$\overline{CA} = \sqrt{(2-4)^2 + (2+2)^2} = \sqrt{20}$$

여기서

$$\overline{AB}^2 + \overline{CA}^2 = 45 + 20 = 65 = \overline{BC}^2$$

이므로, 삼각형 ABC는 $\angle A = 90°$인 직각삼각형임을 알 수 있다.

도형을 탐구할 때, 거의 빠지지 않고 등장하는 것이 직각삼각형에 대한 피타고라스 정리다. 근의 공식, 판별식과 함께 그 개념을 반드시 이해하고 있어야 하는 가장 기본이 되는 내용이다.

25 수직선 위에서 선분의 내분

X+Y=

= NASA 엔지니어가 종이접기에 빠진 까닭

종이를 자르거나 풀로 붙이거나 장식하지 않고 그대로 접어서 어떤 형태를 만드는 종이접기는 놀면서 즐길 수 있는 훌륭한 여가 활동이다. 종이접기를 하는 동안 집중을 하게 되는데, 그런 의미에서 종이접기는 집중력과 섬세한 손놀림으로 두뇌활동을 자극하는 아주 좋은 놀이다. 게다가 종이접기는 종이를 접는 사이에 무엇인가 새로운 아이디어가 떠오르고, 더 많은 생각을 하게 됨으로써 다시 새로운 것을 만들어 낼 수 있는 조형 놀이다. 그래서 종이접기는 수학을 비롯한 다양한 분야에서 활용되고 있다.

종이접기는 우리 주변에서 쉽게 볼 수 있다. 가장 비근한 예로 냅킨 접기, 집안을 꾸미고 장식하기, 천 마리의 종이학을 접어 소원 빌기, 패션에 응용하기 등이 있다. (눈으로 직접 확인할 수는 없지만) 원래 크

기의 정도로 접어 0.1초 안에 순간적으로 펴지는 자동차의 에어백, 단백질의 구조 연구, 인공위성이 우주에 도달해 태양전지판을 넓게 펼치는 데도 종이접기가 활용된다. 특히 2021년 12월 25일에 발사

132

된 제임스웹 우주망원경은 종이접기를 활용하여 우주로 운반되었다.

제임스웹은 지구에서 약 150만km 떨어진 태양과 지구의 원심력과 인력이 평형을 이루는 라그랑주점에 있다. 제임스웹 이전까지 우주를 가장 잘 관찰할 수 있었던 허블망원경은 아무것도 없다고 여겨졌던 우주를 관찰하여 우주가 수없이 많은 은하로 채워져 있다는 것을 알려줌으로써 우주에 관한 인간의 생각을 바뀌게 했다. 현재까지 제임스웹은 허블보다 우주에 관한 중요하고 가치 있는 정보를 더 많이 제공하고 있다. 실제로 제임스웹은 허블망원경보다 100배 더 뛰어난 성능을 가졌다고 한다.

제임스웹의 렌즈는 지름이 6.5m로, 이렇게 큰 렌즈를 우주로 운반하기는 어렵다. 그래서 과학자들은 너비가 1.3m인 정육각형 모양의 렌즈 18개를 연결하여 다시 큰 정육각형 모양의 렌즈로 만들었고, 이것을 우주로 올리기 위하여 종이접기를 활용했다. 이처럼 종이접기는 현대 우주 과학과 공학, 의학 등 다양한 분야의 난제를 해결하는 데 활용되고 있으며, 그중 가장 큰 성과를 보인 분야가 우주 과학이다.

오늘날 수학자들은 새롭고 놀라운 방법으로 종이접기를 이용하고 있는데, 평평한 정사각형 종이를 접는 방법과 형식을 연구하고 분석하여 그래프이론, 조합론, 최적화이론, 테셀레이션, 프렉털, 위상수학 그리고 슈퍼컴퓨터에 응용하고 있다. 특히 종이접기에는 유클리드 기하학적인 모양이나 특성이 많이 들어있는데, 삼각형, 다각형, 합동, 비율과 비례, 접는 선에 나타난 대칭과 닮음 등이 그것이다.

135억 년 너머의 초기 우주에서 최초의 별과 은하를 검출하는 임무를 수행하는 적외선망원경 '제임스웹 우주망원경'. 제임스웹의 반사경에는 종이접기 방식이 활용되었다. 육각형 거울 18개를 이어 붙여 지름 6.5m인 반사경을 만들고 이를 3등분으로 접어서 로켓 안에 넣어 우주로 운반했다.

133

종이접기에서는 접는 선을 적당한 비율로 접어야 완성품을 만들 수 있다. 즉, 아무렇게나 접으면 원하는 조형물을 만들 수 없기에 주어진 종이의 어느 부분을 얼만큼으로 정확하게 접어야 하는지 알아야 한다. 그리고 이때 필요한 수학적 성질이 바로 선분을 내분하는 점이다.

두 양수 m, n과 선분 AB 위의 점 P에 대하여 $\overline{AP} : \overline{PB} = m : n$일 때,

점 P는 선분 AB를 $m : n$으로 **내분** 한다고 하며, 점 P를 선분 AB의 **내분점** 이라고 한다. 내분은 말 그대로 선분의 내부에서 선분을 $m : n$으로 나누는 것이다. 점 P가 선분 AB를 $m : n$으로 내분하면 점 P는 $\overline{AP} = \overline{BP} = m : n$을 만족시키는 선분 AB 위의 점이다. 이때 세 점 $A(x_1), B(x_2), P(x)$의 좌표 사이의 관계는 다음 그림을 이용하여 이해하면 기억하기 쉽다.

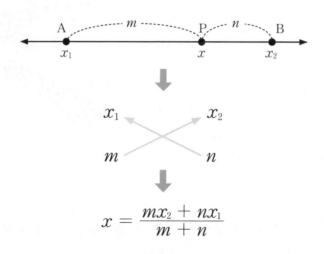

한편 $m \neq n$일 때, 선분 AB를 $m:n$으로 내분하는 점과 선분 BA를 $m:n$으로 내분하는 점은 같지 않다.

Σ 수직선 위 내분점의 좌표

그런데 $m = n$이면 내분점은 선분 AB의 중점이다.

예를 들어, 수직선에서 0과 1 사이를 $m:n$으로 내분하는 점의 좌표를 구해 보자. 0과 1 사이를 $m:n$으로 내분하는 것은 0과 1 사이를 $m+n$ 등분한 후, 앞에서부터 m등분된 것을 모두 더한 길이와 같다. 즉, 전체 $m+n$ 중에서 m이므로 내분점의 좌표는 $\dfrac{m}{m+n}$ 이다. 이때 길이가 3배 늘어난 0과 3 사이를 $m:n$으로 내분한다면 내분점의 좌표는 0과 1 사이보다 3배 큰 $\dfrac{3m}{m+n}$ 이다.

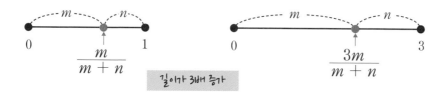

여기서 $\dfrac{m}{m+n}$ 와 $\dfrac{3m}{m+n}$ 을 다음과 같이 나타낼 수 있다.

$$\frac{m}{m+n} = \frac{m \cdot 1 + n \cdot 0}{m+n} \cdots\cdots ①$$

$$\frac{3m}{m+n} = \frac{m \cdot 3 + n \cdot 0}{m+n} \cdots\cdots ②$$

이번에는 0과 1 사이의 구간을 오른쪽으로 1만큼 옮겨서 1과 2 사이를 $m:n$

으로 내분하는 경우의 좌표를 생각해 보자. 이 경우는 0과 1 사이를 내분하는 경우와 같은데 좌표만 오른쪽으로 1만큼 옮겨졌으므로 $\dfrac{m}{m+n}$ 에 1을 더한 $\dfrac{m}{m+n}+1$ 이다.

또 길이가 3인 두 점 5와 8 사이를 $m:n$으로 내분하는 점의 좌표는 0과 3을 내분하는 경우와 같은데 좌표만 오른쪽으로 5만큼 옮겼으므로 $\dfrac{3m}{m+n}$ 에 5를 더한 $\dfrac{3m}{m+n}+5$ 이다.

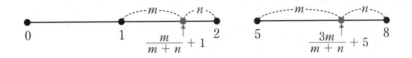

여기서 $\dfrac{m}{m+n}+1$ 와 $\dfrac{3m}{m+n}+5$ 를 다음과 같이 나타낼 수 있다.

$$\dfrac{m}{m+n}+1=\dfrac{m+(m+n)}{m+n}$$
$$=\dfrac{2m+n}{m+n}=\dfrac{m\cdot 2+n\cdot 1}{m+n} \quad\cdots\cdots ③$$

$$\dfrac{m}{m+n}+5=\dfrac{3m+5(m+n)}{m+n}$$
$$=\dfrac{8m+5n}{m+n}=\dfrac{m\cdot 8+n\cdot 5}{m+n} \quad\cdots\cdots ④$$

일반적으로 위의 식 ①, ②, ③, ④로부터 다음을 알 수 있다.

| 수직선 위 내분점의 좌표 |

수직선 위의 두 점 $A(x_1)$과 $B(x_2)$에 대하여

선분 AB를 $m:n$으로 내분하는 점 P의 좌표는

$$\dfrac{mx_2+nx_1}{m+n}$$

수직선 위의 두 점 $A(x_1)$과 $B(x_2)$에 대하여 선분 AB를 $m:n$으로 내분하는
점 P의 좌표를 보다 엄밀하게 수학적으로 구해 보자.

먼저 $x_1 < x < x_2$일 때, $\overline{AP} = x - x_1$, $\overline{PB} = x_2 - x$이다.
이때 $\overline{AP}:\overline{PB} = m:n$이므로

$$(x - x_1):(x_2 - x) = m:n \Leftrightarrow n(x - x_1) = m(x_2 - x)$$
$$\Leftrightarrow (m + n)x = mx_2 + nx_1$$
$$\Leftrightarrow x = \frac{mx_2 + nx_1}{m + n}$$

공식을 바로 암기하는 것도 좋지만 경우에 따라서는 그 원리를 먼저 파악하고
공식을 암기하면 다양하게 활용할 수 있다. 내분점을 구하는 것도 원리를 잘
이해하면 어려운 문제라도 쉽게 접근할 수 있다.

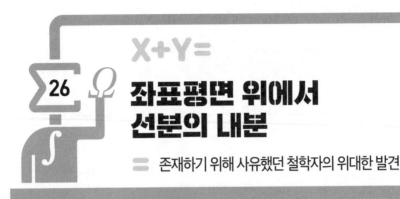

좌표평면 위에서 선분의 내분

존재하기 위해 사유했던 철학자의 위대한 발견

철학에는 무수히 많은 학파가 있다. 그러나 수학에는 철학에서와 같은 종류의 학파는 없지만, 수학은 '추론'이라는 확실한 출발점을 가지고 있다. 철학에서도 같은 출발점을 얻고자 했던 데카르트(René Descartes, 1596~1650)는 모든 것을 의심하더라도 자신이 생각한다는 사실만은 의심할 수 없다는 결론으로 "나는 생각한다. 고로 나는 존재한다"라는 유명한 인식론의 기초를 마련했다. 우리는 이것이 수학적 사고 및 수학적 추론과 깊은 관련이 있음을 알 수 있다.

데카르트의 많은 업적 가운데 수학에 해당하는 것은 1637년에 출판된《철학 논문집(Essays Philosopiques)》이다. 이 책에서 가장 중요한 부분이며 주제에 해당하는 것이 바로 그 유명한《방법서설》이라고 불리는《이성을 올바르게 인도하고 과학에서 진리를 탐구하는 방법에 관한 서설》이다. 방법서설은 세 개의 부록을 가지고 있는데 각각《광학》,《기상학》,《기하학》이라는 제목으로 되어 있다. 이들 가운데에서 세 번째《기하학》을 통해 데카르트는 수학에 큰 발자취를 남겼다.

방법서설의 세 번째 부록인《기하학》은 약 100쪽에 달하는 분량이며 그 자체가 다시 세 권으로 나누어져 있다. 제1권은 대수적 기하학에 관한 약간의 이론과 그리스 시대의 발전상을 다루고 있다. 제2권에서는 현재 쓰이지 않는 곡선의 분류와 곡선의 접선을 작도하는 흥미로운 방법 등을 소개하고 있으며, 제3권은 2차 이상의 방정식의 해법에 관한 것이다. 사실《기하학》의 가장 중심이 되는 주제는 '대수적 기법을 통하여 기하학을 도형의 사용으로부터 해방시킨다'는 것이었다.

《기하학》은 어떤 의미에서 해석적 방법의 체계적인 발전은 아니므로 이 책을 읽는 독자 스스로 어떤 설명을 붙여 그 방법을 완전하게 만들어야 한다. 이 책에는 32가지의 그림이 있지만 명백히 밝혀진 좌표축은 어느 곳에서도 찾아볼 수 없다. 사실, 이 책은 의도적으로 모호하게 써져서 읽기 어렵다. 1649년 드 본느(Florimond de Beaune, 1601~1652)가 쉽게 설명한 라틴어 번역판이 나오고, 슈텐(Frans van Schooten, 1615~1660)이 각주를 달아 발행하자 이것과 함께 개정된 1659~1661년 판이 널리 읽히게 되었다. 그로부터 100여 년이 지난 후에야《기하학》은 오늘날 대학 교재에서 볼 수 있는 형태가 되었다. '좌표(coordinates)', '가로축(abscissa)', '세로축(ordinate)'이라는 용어는 1692년 라이프니츠(Gottfried Wilhelm Leibniz, 1646~1716)의 업적으로 오늘날 해석기하학에서 사용하는 용어가 되었다.

근대철학의 아버지로 불리는 프랑스의 철학자이자 수학자인 데카르트. 그는 수학자로서 기하학에 대수적 해법을 도입한 해석기하학을 창시했고, 철학에서는 근대합리주의를 탄생시켰다.

Σ 좌표평면 위에서 선분의 길이 구하기

이제 좌표평면 위의 선분의 내분점에 대하여 알아보자. 좌표평면 위에서 내분점을 구하는 것은 좌표평면 위에서 선분의 길이를 구하는 방법만 알면 된다. 그런데 앞에서 이미 우리는 좌표평면 위의 두 점 $A(x_1, y_1)$과 $B(x_2, y_2)$사이의 거리를 구해 보았다. 즉,

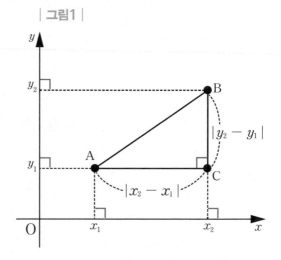

| 그림1 |

〈그림1〉과 같이 점 A를 지나고 축에 평행한 직선과 점 B를 지나고 축에 평행한 직선의 교점을 C라 하면

$$\overline{AC} = |x_2 - x_1| \text{ 이고 } \overline{BC} = |y_2 - y_1|$$

이다. 이때 삼각형 ABC가 직각삼각형이므로 피타고라스 정리로부터

$$\overline{AB}^2 = \overline{AC}^2 + \overline{BC}^2$$
$$= (x_2 - x_1)^2 + (y_2 - y_1)^2$$

이다. 따라서 좌표평면 위의 두 점 A와 B 사이의 거리는 다음과 같다.

$$\overline{AB}^2 = \sqrt{(x_2 - x_1)^2 + (y_2 - y_1)^2}$$

특히 원점 O와 점 $A(x_1, y_1)$ 사이의 거리는 다음과 같다.

$$\overline{OA} = \sqrt{x_1^2 + x_2^2}$$

140

Σ 좌표평면 위에서 내분점의 좌표 구하기

좌표평면 위에서 선분의 길이를 구하는 방법을 알았으니, 이제 좌표평면 위의 두 점 $A(x_1, y_1)$과 $B(x_2, y_2)$에 대하여 선분 AB를 $m : n(m > 0, n > 0)$으로 내분하는 점 P의 좌표 (x, y)를 구해 보자.

| 그림2 |

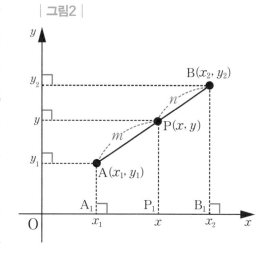

〈그림2〉와 같이 점 A, B, P에서 x축에 내린 수선의 발을 각각 A_1, B_1, P_1이라고 하면 $A_1(x_1, 0)$, $B_1(x_2, 0)$, $P_1(x, 0)$이고,

$$\overline{AP} : \overline{PB} = \overline{A_1P_1} : \overline{P_1B_1} = m : n$$

이다. 이때 점 P_1은 선분 A_1B_1을 $m : n$으로 내분하는 점이므로

$$x = \frac{mx_2 + nx_1}{m + n}$$

이다. y축 위에서도 같은 방법으로 생각하면 다음과 같다.

$$y = \frac{my_2 + ny_1}{m + n}$$

따라서 구하는 내분점 P의 좌표는 다음과 같다.

$$P = \left(\frac{mx_2 + nx_1}{m + n}, \frac{my_2 + ny_1}{m + n} \right)$$

특히 선분 AB의 중점 M의 좌표는 $m = n$인 경우이므로

$$M \left(\frac{x_1 + x_2}{2}, \frac{y_1 + y_2}{2} \right)$$

이다. 즉, 중점의 좌표는 두 점 $A(x_1, y_1)$과 $B(x_2, y_2)$의 x축 좌표의 평균과 y축 좌표의 평균이다. 중점이므로 둘을 합하여 반으로 나누면 평균인 것과 같다.

한편 세 점 $A(x_1, y_1), B(x_2, y_2), C(x_3, y_3)$을 꼭짓점으로 하는 삼각형 ABC의 무게중심의 좌표 G는 다음과 같다.

$$G\left(\frac{x_1 + x_2 + x_3}{3}, \frac{y_1 + y_2 + y_3}{3}\right)$$

무게중심도 결국 세 점의 x좌표와 y좌표 각각의 평균을 구하는 것과 같다. 이렇게 생각한다면 꼭짓점이 4개인 사각형의 무게중심은 네 개의 평균을 구하면 된다는 것을 바로 알 수 있을 것이다.

일반적으로 n각형의 무게중심은 n개의 꼭짓점의 평균을 구하는 것과 같다. 이처럼 수학은 간단한 개념으로부터 시작하여 복잡한 개념으로 자연스럽게 확장할 수 있는 분야다. 따라서 가장 기본이 되는 개념을 잘 이해하는 것이 매우 중요하다.

개념 Talk 기하학과 대수학을 결합한 파리 한 마리

데카르트가 좌표평면을 생각하게 된 동기를 소개하는 여러 가지 이야기가 있는데, 이 가운데에서 파리에 대한 것이 있다. 어느 날 데카르트가 침대에 누워 있을 때, 그는 방 천장 구석을 기어다니는 파리 한 마리를 보았다. 무심코 그는 천장에서 파리가 움직이는 경로를 서로 접하고 있는 두 벽으로부터 파리까지의 거리를 연결하는 관계로 묘사할 수 있다는 생각으로부터, 좌표평면에 대한 영감을 떠올렸다. 마침내 파리가 수학에서 기하학과 대수학을 결합하는 역할을 한 것이다.

좌표평면은 저와 파리의 합작품입니다!

X+Y=

27 일차함수와 직선의 방정식

= 일차함수로 전력 수요 예측하기

우리나라는 미국 등 다른 선진국에 비하여 정전이 발생하는 경우가 적다고 한다. 그런데 2011년 '9 · 15 블랙아웃'은 대규모 혼란을 야기했다. 2011년 9월 15일 겨울을 대비해 일부 발전소가 정비에 돌입했는데, 갑작스러운 이상기후로 무더위가 덮치자 전력 수요량이 급증했다. 결국 전력 부족으로 지역별 정전 순환 사태가 벌어졌다. 대규모 정전 사태 이후에 우리나라는 전기 공급을 원활히 하기 위하여 노력한 결과 현재까지 그때와 같은 대규모 정전 사태는 벌어지지 않고 있다. 하지만 지구 온난화로 여름에 에어컨 사용이 늘고 있어 언제든지 그때와 비슷한 정전 사태가 발생할 수 있다고 한다.

집마다 사용하는 전력량은 다르지만, 일반적으로 에어컨의 소비 전력은 1.2KW이고 에어컨에 사용되는 전력량을 제외한 서울의 가구당 한 달 평균 전력량은 230KW라고 한다.

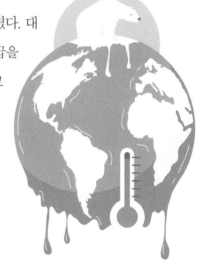

기후변화로 기온이 오르면서 냉방을 위한 에너지 사용이 늘어 더 많은 온실가스를 배출하고, 이는 다시 기온을 더 올리는 악순환으로 이어진다.

'전력량(KWh) = 소비 전력(KW) × 시간(h)'이므로 한 달 동안 에어컨을 x시간 사용했을 때, 한 가구의 월평균 총 전력량을 yKWh라고 하면 x와 y사이에 $y = 1.2x + 230$과 같은 관계식이 성립하고, y는 x에 관한 일차식이다.

일반적으로 함수 $y = f(x)$에서 y가 x에 관한 일차식 $y = ax + b$($a \neq 0$, a, b는 상수)로 나타날 때, 이 함수 $y = f(x)$를 **일차함수** 라고 한다. 여기서 $a = 0$이면 $y = 0 \cdot x + b = b$가 되어 일차식이 아니므로 일차함수가 아니다. 그래서 $a \neq 0$이 반드시 필요하다. 하지만 $b = 0$이면 $y = ax$이므로 y는 x에 관한 일차식이다. 따라서 $b = 0$인 경우인 $y = ax$도 일차함수다.

∑ a는 $y = ax + b$ 그래프의 기울기

일차함수의 그래프는 직선 모양으로 나타나므로 일차식을 **직선의 방정식** 이라고도 한다. 즉, 일차함수 $y = ax + b$가 바로 직선의 방정식이다. 함수로 생각하면 일차함수이고, 그래프로 생각하면 일차함수의 그래프가 직선이므로 직선의 방정식이라고 한다. 가장 간단한 모양의 일차함수는 $y = ax$($a \neq 0$) 꼴이고, 이것의 그래프는 다음과 같이 원점을 지나는 직선이다.

| 그림1. 일차함수 그래프 |

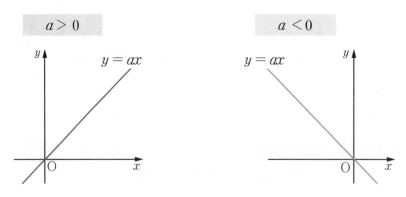

예를 들어, 일차함수 $y = 2x + 1$에서 x의 값에 대한 y의 값을 구하여 표로 나타내면 다음과 같다.

| 표1. $y = 2x + 1$에서 x의 값에 대한 y의 값 |

x	$\cdots$	-3	-2	-1	0	1	2	3	$\cdots$
y	$\cdots$	-5	-3	-1	1	3	5	7	$\cdots$

〈표1〉에서 x의 값이 1씩 증가하면 y의 값은 2씩 증가함을 알 수 있다. 또 x의 값이 -1에서 2까지 3만큼 증가하면 y의 값은 -1에서 5까지 6만큼 증가함을 알 수 있다. 이때 x값의 증가량에 대한 y값의 증가량의 비율은 다음과 같다.

$$\frac{(y값의\ 증가량)}{(x값의\ 증가량)} = \frac{5 - (-1)}{2 - (-1)} = \frac{6}{3} = 2$$

이와 같이 일차함수 $y = 2x + 1$에서 x 값의 증가량에 대한 y값의 증가량의 비율은 항상 2로 일정하고, 이 비율은 $y = 2x + 1$의 x의 계수와 같다.

일반적으로 일차함수 $y = ax + b$에서 x값의 증가량에 대한 y값의 증가량의 비율은 항상 일정하고, 그 비율은 x의 계수인 a와 같다.

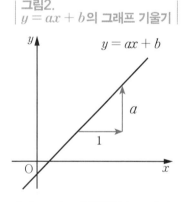

| 그림2.
| $y = ax + b$의 그래프 **기울기** |

이때 이 증가량의 비율 a를 일차함수 $y = ax + b$의 그래프 **기울기** 라고 한다. 즉, 일차함수의 그래프의 기울기가 a라는 것은 x값이 1만큼 증가할 때 y값은 a만큼 증가한다는 뜻이다.

145

일차함수 $y = ax + b$에서

$$(기울기) = \frac{(y값의 증가량)}{(x값의 증가량)} = a$$

이다.

한편 일차함수 $y = 2x + 1$의 그래프는 일차함수 $y = 2x$의 그래프 위에 있는 각 점을 1만큼 위로 이동하면 얻을 수 있다. 즉, 일차함수 $y = 2x + 1$의 그래프는 $y = 2x$의 그래프를 y축의 방향으로 1만큼 평행하게 이동한 직선과 같음을 알 수 있다. 이와 같이 어떤 도형을 일정한 방향으로 일정한 거리만큼 옮기는 것을 **평행이동** 이라고 한다. 일반적으로 일차함수 $y = ax + b$의 그래프는 일차함수 $y = ax$의 그래프를 y축의 방향으로 b만큼 평행이동한 직선이다.

| 그림3 |

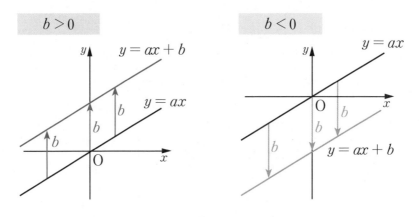

Σ 일차함수의 그래프가 x축과 y축을 끊는 지점

마지막으로 일차함수 그래프의 절편에 대하여 알아보자.

일차함수 $y = 2x - 6$의 그래프를 그리면 〈그림4〉와 같다. 이 그래프가 x축과 만나는 점의 좌표는 $(3, 0)$이고, 이 점의 x좌표는 3이다. 또 그래프가 y축과 만나는 점의 좌표는 $(0, -6)$이고, 이 점의 y좌표는 -6이다.

이와 같이 좌표평면 위에서 일차함수의 그래프가 x축과 만나는 점의 x좌표를 이 그래프의 **x절편**, y축과 만나는 점의 y좌표를 이 그래프의 **y절편**이라고 한다. 즉, 일차함수 $y = 2x - 6$의 그래프의 x절편은 3이고 y절편은 -6이다.

절편은 한자로 '截片'인데, 여기서 截은 '끊다', 片은 '조각'이란 뜻이다. 따라서 截片은 '끊어낸 조각'이라는 뜻이다. 일차함수

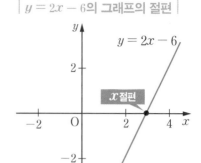

그림4.
$y = 2x - 6$의 그래프의 절편

의 그래프가 x축을 끊는 지점이 바로 x절편이고 y축을 끊는 지점이 바로 y절편이다. 절편은 영어로 'intercept'라 하는데, 이는 '도중에 붙잡다'라는 뜻이다. 그래서 영어로 보면 x절편과 y절편이 각각 도중에 x축과 y축을 붙잡고 있다는 뜻이다. 한자든 영어든, 그래프가 각 축을 끊고 지나가므로 '절편'이라는 용어를 사용하게 된 것이다.

두 직선의 평행

지성으로 우주와 공간을 꿰뚫은 탈레스

고대 7현인 중 한 사람으로 일컬어지는 탈레스(Thales, BC 624?~BC 545?)는 소아시아의 서부 해안 도시 밀레투스(Miletus)에서 살았다고 알려져 있다. 그가 생존한 시기는 기원전 624년에서 기원전 545년경일 것이라 추측되지만 분명하지는 않다.

| 탈레스가 증명한 정리 |

1. 원은 임의의 지름으로 이등분된다.
2. 교차하는 두 직선으로 이루어진 두 맞꼭지각은 서로 같다.
3. 이등변삼각형의 두 밑각은 같다.
4. 반원에 내접하는 각은 직각이다.
5. 두 삼각형에서 대응하는 두 각이 서로 같고 대응하는 한 변이 서로 같으면 두 삼각형은 합동이다.

'학문의 아버지'로 불리지만, 일생에 대한 기록이 불분명한 탈레스는 수학적으로 아주 중요한 인물이다. 그에게서부터 수학에 '왜'라고 하는 논증 수학이 시작되었기 때문이다. 논증 수학을 한마디로 표현하면 수학적으로 '다툴 여지가 없이 명백한 결론'만이 수학적 결론이라는 것이다. 수학에서 그의 업적은 수학을 엄격한 학문으로 만든 것이다. 그가 엄격하게 증명했다는 정리가 앞의 내용이다.

사실 위의 다섯 가지 결과는 탈레스 시대보다 훨씬 이전부터 알려져 있던 것들이다. 그리고 이 사실은 모두 실험으로 쉽게 알아낼 수 있는 것이다. 따라서 이 결과의 가치를 그것들의 내용으로 평가하기보다는 탈레스가 이것을 직관이나 실험 대신에 엄격한 논리적 추론으로 입증했다는 사실에 두어야 할 것이다.

Σ 탈레스의 피라미드 높이 재기

탈레스는 지구에 도달하는 태양 빛이 평행함을 이용하여 높은 피라미드의 높이를 계산하기도 했다. 그는 삼각형의 닮음을 이용하여 지면에 수직으로 세운 막대기의 그림자와 피라미드 그림자의 길이를 비교하는 다음과 같은 식을 세워 피라미드의 높이를 구했다.

$$\frac{(막대기의 길이)}{(막대기의 그림자 길이)} = \frac{(피라미드의 높이)}{(막대기의 그림자 길이)}$$

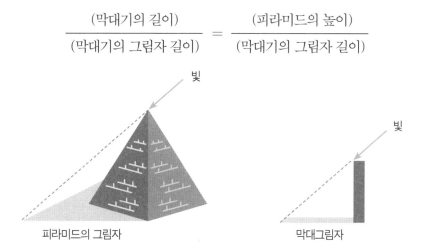

피라미드의 그림자　　　　　막대그림자

앞의 상황을 좌표평면 위에 옮겨서 생각해 보자. 오른쪽 그림은 길이가 다른 두 막대를 지면에 수직으로 세웠을 때, 태양 빛에 의하여 생기는 그림자와 막대를 좌표평면 위에 나타낸 후, 막대의 끝점 A, B와 그림자의 끝점 A′, B′를 각각 선분으로 이은 것이

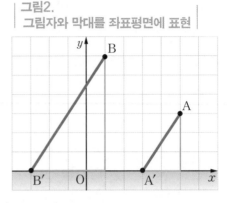

그림2.
그림자와 막대를 좌표평면에 표현

다. 이때 직선 AA′의 기울기는 x값이 2만큼 변할 때 y값이 3만큼 변했으므로 $\frac{3}{2}$이다. 또 직선 BB′의 기울기는 x값이 4만큼 변할 때 y값이 6만큼 변했으므로 $\frac{6}{4} = \frac{3}{2}$이다. 즉, 두 직선 AA′와 BB′는 x절편은 각각 2와 -3으로 다르지만 기울기는 $\frac{3}{2}$으로 같다. 물론 이 두 직선의 y절편도 다르다. 여기서 눈여겨봐야 할 것은 태양 빛을 나타내는 두 직선의 기울기다. 태양 빛이 들어오는 방향이 같으므로 두 직선은 평행하고 기울기도 같다.

Σ 평행한 두 직선의 기울기가 같음을 증명

일반적으로 좌표평면 위의 두 직선 $l : y = mx + n, \ l′ : y = m′x + n′$ 이 서로 평행하면 두 직선의 기울기는 같지만 절편은 다르다. 즉,

$$m = m′, n \neq n′ \cdots\cdots ①$$

이다. 거꾸로 $m = m′$이고 $n \neq n′$이면 두 직선은 서로 겹치지 않고 평행하다. 이때 두 직선이 기울기도 같고

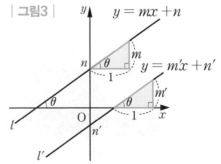

│그림3│

150

y절편도 같다면 즉, $m = m'$이고 $n = n'$이면 두 직선은 일치한다.

두 직선이 평행하면 두 직선의 기울기가 같음을 다음과 같은 방법으로 보일 수도 있다.

직선 $y = mx + n$의 기울기 m은

$$m = \frac{(y\text{값의 증가량})}{(x\text{값의 증가량})}$$

이므로 x의 값이 1만큼 증가할 때의 y값의 증가량과 같다. 따라서 두 직선

$$l : y = mx + n, \ l' : y = m'x + n'$$

이 서로 평행하면 〈그림3〉에서 색칠한 두 삼각형도 서로 합동(ASA 합동)이므로 합동인 두 삼각형의 대응변 길이에서 $m = m'$이 성립한다. 또 삼각비를 이용하여 직선 l에서 $m = \tan\theta$이고, 직선 l'에서 $m' = \tan\theta$이므로 $m = m'$임을 보일 수도 있다.

일반적으로 직선의 방정식은 $y = mx + n$ 또는 $ax + by + c = 0$의 꼴로 나타낸다. 이때 $b \neq 0$이라면 직선의 방정식 $ax + by + c = 0$은 $ax + c$를 우변으로 이항하여

$$by = -ax - c$$

이고, 양변을 b로 나누면 $y = -\frac{a}{b}x - \frac{c}{b}$의 꼴이 된다. 즉, $m = -\frac{a}{b}$, $n = -\frac{c}{b}$로 놓으면 $ax + by + c = 0$은 $y = mx + n$의 꼴이 된다. 여기서 두 직선 $ax + by + c = 0$과 $a'x + b'y + c' = 0$이 평행이 되려면 ①에 의하여

$$-\frac{a}{b} = -\frac{a'}{b'}, \ -\frac{c}{b} \neq \frac{c'}{b'}$$

이다. 특히 $-\frac{a}{b} = -\frac{a'}{b'}$에서 양변에 마이너스($-$)를 곱한 후에 정리하면 $ab' = a'b$ 즉, $ab' - a'b = 0$이면 두 직선 $ax + by + c = 0$과 $a'x + b'y + c' = 0$은 평행함을 알 수 있다.

수학에 나오는 모든 공식을 전부 암기하는 것은 쉽지 않다. 그러나 평행의 경

151

우처럼 개념을 정확히 알고 있으면 식이 아무리 복잡해도 평행인지 아닌지 쉽게 유추할 수 있다. 뜻 모를 공식을 아무리 많이 암기했어도 문제를 푸는 데 써먹을 수 없다면 모두 허사다. 결국 수학은 개념을 따라잡는 방법을 이해해야 잘할 수 있다.

개념 Talk '서양 철학의 시조' 탈레스와 이솝 우화

탈레스는 천문학에 관심이 많았으며 유명한 점성가이기도 했다. 어느 맑은 날 저녁, 그는 하늘의 별을 관찰하는 데만 신경을 쓰며 길을 걷다가 발을 헛디뎌 그만 시궁창에 빠지고 말았다. 간신히 기어 올라온 탈레스에게 지나가던 사람이 말했다. "바로 코앞도 못 보는 사람이 높은 하늘에 있는 별에 관해서는 잘 알고 있군요." 물론 탈레스는 아무 말도 하지 못했을 것이다.

또, 다른 일화로 우리가 일반적으로 이솝의 이야기로 알고 있는 것이 있다. 어떤 마을의 농부가 당나귀를 키우고 있었는데, 그는 이 당나귀에 소금을 싣고 시장에 내다 팔곤 했다. 그런데 하루는 소금 짐이 너무 무거워 당나귀가 그만 냇가에서 넘어지고 말았다. 간신히 일어난 당나귀는 짐이 가벼워진 것을 알고, 그다음부터 소금을 팔러 갈 때면 언제나 냇가에서 넘어졌다. 그래서 농부는 상당한 손해를 보았다. 이 문제로 고민하던 농부가 탈레스에게 자기의 고민을 이야기했고, 탈레스는 나귀의 짐을 소금 대신 솜으로 바꾸라고 했다.

농부는 그가 시키는 대로 소금 짐을 솜으로 바꾸어 당나귀 등에 실었고 나귀는 다시 냇가에서 넘어졌다. 그러나 물먹은 솜 때문에 짐이 더욱 무거워진 당나귀는 큰 고생을 하였고, 그 이후로 냇가에서 다시 넘어지는 일이 없었다고 한다.

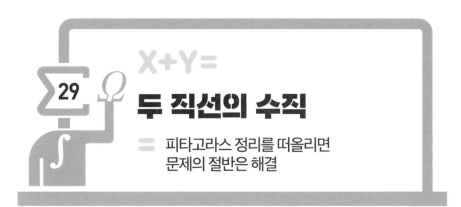

X+Y=

29

두 직선의 수직

= 피타고라스 정리를 떠올리면
문제의 절반은 해결

대개 사람들은 아침에 출근하든 등교하든 세수를 끝낸 후에 거울을 본다. 거울에 비친 모습을 볼 때, 실제와 위치가 정반대로 보이지만 누구도 위치가 정반대라고 생각하지 않는다. 실제로 거울에 비친 물체를 볼 때, 사람의 눈은 물체에서 나온 빛이 거울에 반사된 것을 보므로 〈그림1〉과 같이 물체가 상에 있는 것처럼 인식한다. 거울에서 물체까지의 수직거리는 거울에서 상까지의 수직거리와 같으며, 물체와 상을 잇는 직선은 거울에 수직이다.

| 그림1. 거울상 |

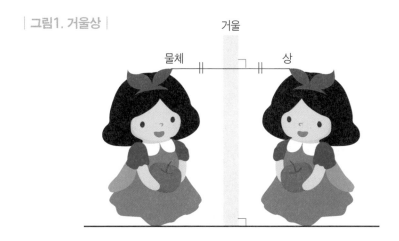

거울

물체 ‖ ‖ 상

이제 거울을 좌표평면으로 옮겨보자.

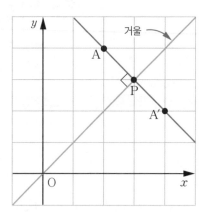

| 그림2 |

〈그림2〉는 좌표평면 위의 두 점 O와 P 를 잇는 직선 위에 거울을 수직으로 세 우고 점 A를 보았을 때, 거울 속에 나타 나는 상 A′를 그린 후에 두 점 A와 A′를 직선으로 이은 것이다. 그림에서 보듯이 거울의 면과 두 점 A와 A′를 지나는 직선 은 서로 수직이다.

거울의 면을 나타내는 직선 OP의 기울기는 가로로 3칸 변할 때 세로로도 3칸 변하므로 $\frac{3}{3} = 1$이다. 반면에 직선 AA′는 점 A에서 점 A′로 x의 값이 2만 큼 변할 때 y의 값은 -2만큼 변하므로 기울기는 $\frac{-2}{2} = -1$이다. 즉, 서로 수직이면 기울기의 곱이 $1 \times (-1) = -1$이다. 이것을 일반적인 경우로 확장 하여 알아보자.

두 직선

$$l : y = mx + n, \ l' : y = m'x + n'$$

| 그림3 |

이 서로 수직이면 이들에 각각 평행하고 원점을 지 나는 두 직선

$$l_1 : y = mx, \ l_1' : y = m'x$$

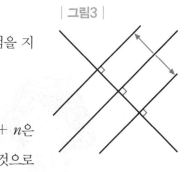

도 서로 수직이다. 왜냐하면 직선 $y = mx + n$은 직선 $y = mx$를 y축으로 n만큼 평행이동한 것으로 기울기는 변함이 없기 때문이다. 이를테면 서로 수직인 막대를 위아래로 움직 인다고 해도 막대는 수직을 계속 유지한다.

〈그림4〉와 같이 두 직선 l_1, l_1'와 직선 $x = 1$이 만나는 점을 각각 P와 Q라 하면

| 그림4 |

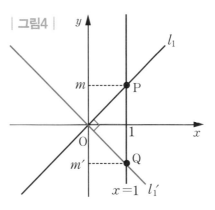

$$P(1, m), Q(1, m')$$

이다. 그런데 두 직선 l_1과 l_1'가 수직이므로 두 직선이 만나는 점 O에서 $\angle POQ = 90°$이다.

즉, 삼각형 POQ는 직각삼각형이다. 직각삼각형 POQ에 대하여 피타고라스 정리를 적용하면

$$\overline{OP}^2 + \overline{OQ}^2 = \overline{PQ}^2$$

이다. 여기서 각각의 선분의 길이를 구하면

$$\overline{OP}^2 = 1 + m^2,$$
$$\overline{OQ}^2 = 1 + m'^2,$$
$$\overline{PQ}^2 = (m - m')^2 = m^2 - 2mm' + m'^2$$

이므로

$$1 + m^2 + 1 + m'^2 = m^2 - 2mm' + m'^2, \ 2 = -2mm'$$

이다. 따라서 수직인 두 직선의 기울기가 m와 m'일 때

$$mm' = -1$$

이 성립한다. 거꾸로 $mm' = -1$이면 $\overline{OP}^2 + \overline{OQ}^2 = \overline{PQ}^2$이므로 삼각형 POQ는 $\angle POQ = 90°$인 직각삼각형이다.

지금까지 알아본 것으로부터 두 직선

$$l : y = mx + n, \ l' : y = m'x + n'$$

이 서로 수직이면 두 직선의 기울기 m과 m'에 대하여

$$mm' = -1$$

이고, 그 역도 성립한다.

한편 $mm' = -1$로부터

$$m' = -\frac{1}{m}$$

이므로, 이를테면 직선 $y = 2x$에 수직인 직선의 방정식은 $y = -\frac{1}{2}x + n'$ 이다.

간단한 예로, 점 $(3, 1)$을 지나고 직선 $x - 2y + 2 = 0$에 수직인 직선의 방정식을 구해 보자.

직선 $x - 2y + 2 = 0$을 $y = mx + n$의 꼴로 고치면 $y = \frac{1}{2}x + 1$이며 기울기는 $\frac{1}{2}$이므로 구하는 직선의 기울기를 m이라 하면

$$\frac{1}{2} \times m = -1, \ m = -2$$

이다. 따라서 구하는 직선은 점 $(3, 1)$을 지나고 기울기가 -2이므로 그 방정식은

$$1 = -2 \times 3 + n$$

을 만족해야 한다. 이 식으로부터 $n = 7$이다. 따라서 구하려는 직선의 방정식은 $m = -2$이고 $n = 7$이므로 $y = -2x + 7$이다.

두 직선의 수직에서도 그랬듯이, 여러분은 수학에서 직각삼각형이 나왔다면 가장 먼저 피타고라스 정리 $a^2 + b^2 = c^2$을 떠올려야 한다. 두 점 사이의 거리, 점과 직선 사이의 거리, 직선과 직선 사이의 거리, 직선과 평면 사이의 거리, 평면과 평면 사이의 거리 등과 같은 각종 거리 문제

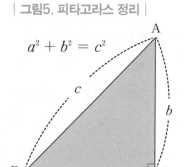

| 그림5. 피타고라스 정리 |

와 심지어 미분과 적분에서도 피타고라스 정리가 기본적으로 이용된다. 따라서 직각이나 수직이 등장했을 때, 머릿속에 무조건 피타고라스 정리를 떠올리면 문제의 절반은 해결한 것이다.

X+Y=

점과 직선 사이의 거리

= 피타고라스 정리로
좌표평면 위 두 점 사이의 거리 구하기

우리나라는 해안선이 복잡하고 해안 주변에 섬이 많이 있다. 이 섬들을 오갈 때 배보다는 다리를 건설하여 자동차를 이용하면 매우 편리할 것이다. 그래서 여러 곳에 해안선 가까이에 있는 비교적 큰 섬과 육지를 잇는 다리가 건설되어 있다. 그런데 섬과 육지를 연결하는 다리를 건설할 때, 가능하면 다리의 길이를 짧게 해야 건설비도 적게 들고 자동차의 이동 거리도 짧아져서 경제적일 것이다. 그렇다면 섬과 육지를 연결하는 가장 짧은 다리의 길이를 어떻게 구하면 될까? 이 경우에는 섬을 점, 육지의 경계를 직선으로 생각하여 점과 직선 사이의 거리를 구하면 된다. 그런데 앞에서 이미 설명했다시피, 거리를 구하는 문제라면 퍼뜩 떠올려야 하는 것이 피타고라스 정리라고 했다. 물론 점과 직선 사이의 거리를 구할 때도 수식은 조금 복잡해 보이지만 결국에는 피타고라스 정리가 이용된다.

섬과 육지를 연결하는 가장 짧은 다리의 길이를 어떻게 구하면 될까? 이 경우에는 섬을 점, 육지의 경계를 직선으로 생각하여 점과 직선 사이의 거리를 구하면 된다.

Σ 점 P에서 직선 *l*에 내린 수선의 길이 $\overline{\text{PH}}$ 구하기

이제 좌표평면 위에서 점과 직선 사이의 거리를 구하는 수학적 방법을 알아보자. 점과 직선 사이의 거리는 점에서 그 직선에 이르는 최단 거리이므로 한 점 $P(x_1, y_1)$과 한 직선

$$l : ax + by + c = 0 \;\; (a \neq 0, b \neq 0)$$

사이의 거리는 점 P에서 직선 *l*에 내린 수선의 길이 $\overline{\text{PH}}$를 말한다.

이제 〈그림1〉을 살펴보자. 그림에서 $\overline{\text{PH}}$는 결국 직각삼각형 PHA의 빗변의 길이를 구하는 문제다. 이 직각삼각형의 두 변의 길이는 각각 $\overline{\text{HA}} = (x_1 - x_2)$와 $\overline{\text{PA}} = (y_1 - y_2)$이므로 피타고라스 정리에 의하면

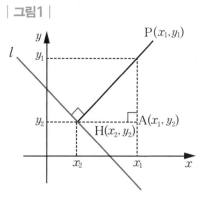

| 그림1 |

$$\overline{\text{PH}}^2 = \overline{\text{HA}}^2 + \overline{\text{PA}}^2 = (x_1 - x_2)^2 + (y_1 - y_2)^2$$

이다. 그런데 $\overline{\text{PH}}$는 길이이므로 $\overline{\text{PH}} > 0$이다. 따라서 음수를 제곱하면 양수이므로

$$\overline{\text{PH}} = \sqrt{(x_1 - x_2)^2 + (y_1 - y_2)^2} \;\; \text{또는}$$
$$\overline{\text{PH}} = \sqrt{(x_2 - x_1)^2 + (y_2 - y_1)^2}$$

이게 바로 점 $P(x_1, y_1)$과 직선 *l* 사이의 거리다.

그런데 여기에 한 가지 문제가 있다. 바로 점 $P(x_1, y_1)$의 좌표인 x_1과 y_1은 이미 주어져서 알고 있으나, 점 $H(x_2, y_2)$의 좌표인 x_2와 y_2는 모른다는 것이다. 그래서 $x_2 - x_1$과 $y_2 - y_1$을 다른 방법으로 표현해야 하기에, 이것을 앞에서 우리가 알아본 수직인 두 직선을 이용하여 바꿀 것이다.

직선 l은 $ax + by + c = 0$이므로 이를 변형하면

$$by = -ax - c, \ y = -\frac{a}{b}x - \frac{c}{a}$$

이다. 직선 l의 기울기는 $-\dfrac{a}{b}$이므로 이 직선에 수직인 직선 PH의 기울기 m은 $\left(-\dfrac{a}{b}\right) \times m = -1$이어야 하므로 $m = \dfrac{b}{a}$이다. 그런데 이 직선 PH가 두 점 $\mathrm{P}(x_1, y_1)$와 $\mathrm{H}(x_2, y_2)$를 지나므로 두 점을 이용하여 기울기를 구하면

$$\frac{y_2 - y_1}{x_2 - x_1} = \frac{b}{a}$$

이다. 이를 정리하면

$$y_2 - y_1 = \frac{b}{a}(x_2 - x_1), \ a(y_2 - y_1) = b(x_2 - x_1)$$
$$b(x_2 - x_1) - a(y_2 - y_1) = 0 \ \cdots\cdots \ ①$$

이다. 또 그림을 보면 점 H가 직선 l 위의 점이므로 x_2와 y_2는 l의 식에 대하여

$$ax_2 + by_2 + c = 0$$

을 만족한다. 이 식의 좌변에서 ax_1과 by_1을 더하고 빼도 등식은 변함이 없으므로

$$ax_2 + by_2 + c - ax_1 - by_1 + ax_1 + by_1 = 0,$$
$$ax_2 - ax_1 + by_2 - by_1 + ax_1 + by_1 + c = 0,$$
$$a(x_2 - x_1) + b(y_2 - y_1) + ax_1 + by_1 + c = 0 \ \cdots\cdots \ ②$$

이다. 여기서 ①과 ②를 다시 써보자.

$$b(x_2 - x_1) - a(y_2 - y_1) = 0 \ \cdots\cdots \ ①$$
$$a(x_2 - x_1) + b(y_2 - y_1) + ax_1 + by_1 + c = 0 \ \cdots\cdots \ ②$$

이미 살펴본 것처럼, 우리가 구하려는 것은 다음과 같다.

$$\overline{\mathrm{PH}} = \sqrt{(x_2 - x_1)^2 + (y_2 - y_1)^2}$$

Σ 연립일차방정식으로 바꿔 점과 직선 사이 거리 구하기

하지만 아직 x_2와 y_2를 모르므로 $x_2 - x_1 = X$, $y_2 - y_1 = Y$라 놓으면 ①과 ②는

$$bX - aY = 0 \quad \cdots\cdots ③$$
$$aX + bY = -ax_1 - by_1 - c \quad \cdots\cdots ④$$

와 같은 중학교에서 배운 간단한 연립일차방정식으로 바뀐다. 사실 ① = ③이고, ② = ④이다.

③에서 $Y = \dfrac{b}{a}X$이고, 이것을 ④에 대입하여 정리하면

$$X = -\frac{a(ax_1 + by_1 + c)}{a^2 + b^2}$$

이고, 이것을 다시 ③에 대입하여 정리하면

$$Y = -\frac{b(ax_1 + by_1 + c)}{a^2 + b^2}$$

이다. 그러므로 우리가 구하려는 점과 직선 사이의 거리는 다음과 같다.

$$
\begin{aligned}
\overline{\mathrm{PH}} &= \sqrt{(x_2 - x_1)^2 + (y_2 - y_1)^2} \\
&= \sqrt{X^2 + Y^2} \\
&= \sqrt{\left\{ -\frac{a(ax_1 + by_1 + c)}{a^2 + b^2} \right\}^2 + \left\{ -\frac{b(ax_1 + by_1 + c)}{a^2 + b^2} \right\}^2} \\
&= \frac{|ax_1 + by_1 + c|}{a^2 + b^2}
\end{aligned}
$$

따라서 점 (x_1, y_1)과 직선 $ax + by + c = 0$ 사이의 거리는 다음과 같다.

$$\frac{|ax_1 + by_1 + c|}{a^2 + b^2}$$

예를 들어 점 $(3, 5)$와 직선 $4x - 3y - 12 = 0$ 사이의 거리는 다음과 같다.

$$\frac{|4 \times 3 - 3 \times 5 - 12|}{4^2 + (-3)^2} = \frac{15}{5} = 3$$

160

종종 직선의 방정식이 $y = \dfrac{4}{3}x - 4$와 같이 주어지는 경우도 있는데, 이럴 때는 $y = mx + n$ 형태의 식을 $ax + by + c = 0$ 형태로 바꾸어 계산해야 한다.

사실 공식을 얻기까지는 매우 복잡하고 지루한 계산을 해야 하지만, 일단 공식을 얻으면 주어진 조건을 공식에 대입하기만 하면 쉽게 답을 얻을 수 있다. 그래서 여러분은 공식이 어떻게 나왔는지 이해해야 한다. 공식이 나오는 과정까지 자세히 알면 더 좋겠지만, 그게 어렵다면 과정을 이해하는 정도로 마무리하고 공식은 반드시 암기하는 것이 좋다.

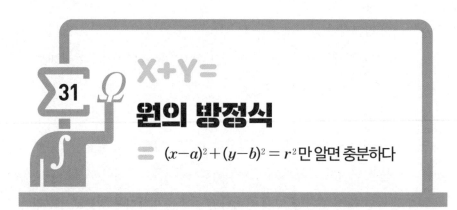

31 원의 방정식

$X+Y=$

$= (x-a)^2+(y-b)^2 = r^2$만 알면 충분하다

최근에 우리나라에서도 지진이 자주 발생하고 있다. 지진은 지진파가 지구 지각의 암석층을 통과하면서 발생하는 갑작스러운 땅의 흔들림이다. 자연 지진은 지하에 강한 충격이 가해지거나 단층이 미끄러지면서 강력한 에너지가 방출되며 발생한다. 이처럼 지구 내부 어딘가에서 급격한 변화가 생겨 그 힘으로 생긴 파동이 지표면까지 전해져 지반이 흔들리게 된다. 반면에 인공 지진은 핵실험이나 대규모 폭발로 지반이 흔들릴 때 발생한다.

지진이 일어나는 원인이 되는 에너지가 발생한 지점을 진원이라고 하며, 진원에서 수직으로 연결된 지표면을 진앙이라고 한다. 즉, 진원은 진앙의 정보에 진원의 깊이를 더하여 나타낸다.

2023년 11월 30일 새벽 4시 55분 경북 경주시에서 규모 4.0의 지진

| 경주시 지진 발생 |

규모 4.0
경북 경주시 동남동쪽 19km 지역

이 발생했다. 지진의 진앙은 경북 경주시 동남동쪽 19km 지역이며, 진앙의 상세 주소는 경북 경주시 문무대왕면 입천리다. 진원의 깊이는 12km로 분석되었다. 지진의 충격파는 속도가 일정하기 때문에 진앙으로부터 원 모양으로 퍼져나가는데, 진앙으로부터 거리가 멀어질수록 지진의 피해는 적어진다. 이를테면 경주시에서 발생한 지진의 진앙에서 10km 떨어진 지점들은 거의 같은 피해를 입는다. 그래서 진앙에서부터 같은 거리에 있는 지점이 어디인지를 구분하는 것은 매우 중요하다.

Σ 원이란 무엇인가?

수학에서 평면 위의 한 정점에서 일정한 거리에 있는 점들의 집합을 원이라고 한다. 이때 정점을 원의 중심, 일정한 거리를 원의 반지름의 길이라고 한다. 따라서 지진의 피해를 조사하기 위하여 진앙으로부터 일정한 거리에 있는 지점들을 모두 구하려면 원의 방정식을 알아야 한다.

여기서 잠깐! 앞에서 이미 설명했었는데, 점과 점 사이의 거리를 구할 때는 피타고라스 정리가 이용된다고 했다. 원에서도 마찬가지다. 한 정점이 원의 중심에서 같은 거리에 있는 점들의 집합이 원이므로 피타고라스 정리를 이용하여 원의 방정식을 구하게 된다.

원 은 평면 위에 있는 한 정점으로부터 일정한 거리를 유지하면서 움직인 점이 그린 그 평면 위에 있는 닫힌 도형이다. 이 정점을 원의 중심이라고 하며, 원을 이루고 있는 곡선을 **원주** , 중심과 원주 위의 점을 이은 선분을 **반지름** 이라고 한다. 고대 그리스의 수학자 유클리드(Euclid, BC 330~BC 275)는 공리(주어진 이론 체계 안에서는 증명 없이 참으로 받아들이는 명제)로 '임의의 점을 중심으로 하는 임

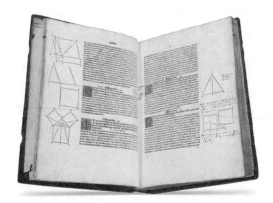

전체 13권으로 이루어진 유클리드의 《원론》은 고대 그리스 수학의 모든 성과가 집결된 책이자 20세기에 이르기까지 수학 발전에 가장 강력하게 영향을 미친 책이다. 유클리드는 "점은 쪼갤 수 없는 것이다"라는 명제로 시작해 선과 면에 대한 다섯 가지 공리를 기반으로 기하의 원리를 설명했다.

의의 반지름을 갖는 원을 작도할 수 있다'고 하였다.

한 원에서 반지름의 길이는 일정하다. 또 원주를 간단히 원이라고도 하며, 반지름의 길이가 같은 두 원은 서로 합동이다. 원주에 의하여 평면은 두 부분으로 나눠진다. 그중 중심을 포함하고 있는 부분을 원의 내부, 그렇지 않은 부분을 원의 외부라고 한다. 또 내부의 점은 중심으로부터의 거리가 반지름의 길이보다 짧은 점이고, 외부의 점은 중심으로부터의 거리가 반지름의 길이보다 먼 점이다.

Σ 원의 방정식 구하기

| 그림1 |

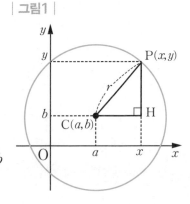

이제 좌표평면 위의 한 점 $C(a, b)$를 중심으로 하고 반지름의 길이가 r인 원의 방정식을 구해 보자. 원 위의 점을 $P(x, y)$라 하면 〈그림1〉과 같이 직각삼각형 PCH에서

$$\overline{CP} = r, \ \overline{CH} = x - a, \ \overline{PH} = y - b$$

이므로 피타고라스 정리에 의하여

$$r^2 = \overline{\text{CH}}^2 + \overline{\text{PH}}^2$$
$$= (x - a)^2 + (y - b)^2$$

이다. 따라서 중심이 C(a, b)이고, 반지름의 길이가 r인 원의 방정식은 다음과 같다.

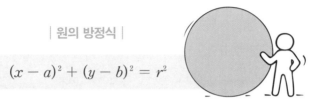

| 원의 방정식 |

$$(x - a)^2 + (y - b)^2 = r^2$$

특히 중심이 원점 O($0, 0$)이라면 원의 방정식은 a와 b 대신 0을 대입하여

$$x^2 + y^2 = r^2$$

이다. 이를테면 중심의 좌표가 ($2, -1$)이고 반지름의 길이가 3인 원의 방정식은

$$(x - 2)^2 + (y - (-1))^2 = 3^2, \ (x - 2)^2 + (y + 1)^2 = 9$$

이고, 중심이 원점이고 반지름의 길이가 10인 원의 방정식은 다음과 같다.

$$x^2 + y^2 = 10^2, \ x^2 + y^2 = 100$$

이제, 앞에서 구했던 원의 방정식

$$(x - a)^2 + (y - b)^2 = r^2 \ \cdots\cdots ①$$

을 전개하여 다른 식으로 표현해 보자. 이때

$$(x - a)^2 = x^2 - 2ax + a^2, \ (y - b)^2 = y^2 - 2by + b^2$$

이고, r^2을 좌변으로 이항하면 위의 원의 방정식은 다음과 같다.

$$x^2 - 2ax + a^2 + y^2 - 2by + b^2 - r^2 = 0,$$
$$x^2 + y^2 - 2ax - 2by + a^2 + b^2 - r^2 = 0 \ \cdots\cdots ②$$

즉, 원래의 원의 방정식 ①은 ②와 같이 나타낼 수 있다.

여기서 $-2a, -2b, a^2 + b^2 - r^2$은 쉽게 계산되는 상수이므로

각각 A, B, C라 하면 ②는

$$x^2 + y^2 + Ax + By + C = 0 \ \cdots\cdots ③$$

165

의 꼴로 나타낼 수 있다. 또

$$x^2 + y^2 + Ax + By + C$$

$$= x^2 + Ax + \frac{A^2}{4} - \frac{A^2}{4} + y^2 + By + \frac{B^2}{4} - \frac{B^2}{4} + C$$

$$= \left(x + \frac{A}{2}\right)^2 + \left(y + \frac{B}{2}\right)^2 - \frac{A^2 + B^2 - 4C}{4}$$

이므로 ③은 다음과 같다.

$$\left(x + \frac{A}{2}\right)^2 + \left(y + \frac{B}{2}\right)^2 = \frac{A^2 + B^2 - 4C}{4} \quad \cdots\cdots ④$$

이때 $A^2 + B^2 - 4C > 0$이면

③이 나타내는 도형은 중심의 좌표가 $\left(-\frac{A}{2}, -\frac{B}{2}\right)$이고

반지름의 길이가 $\sqrt{\dfrac{A^2 + B^2 - 4C}{4}} = \dfrac{\sqrt{A^2 + B^2 - 4C}}{2}$인 원이다.

지금까지 알아본 것으로부터 다음은 모두 원을 나타내는 식임을 알 수 있다.

$$(x - a)^2 + (y - b)^2 = r^2$$

$$x^2 + y^2 + Ax + by + C = 0,$$

$$\left(x + \frac{A}{2}\right)^2 + \left(y + \frac{B}{2}\right)^2 = \frac{A^2 + B^2 - 4C}{4}$$

같은 식을 자꾸 변형하는 이유는 어떤 상황에서 어떤 식이 필요할지 알 수 없기 때문이다. 한 가지만 알고 있다면 달리 표현된 식이 원임을 알 수 없기에 주어진 문제를 해결하기 어려울 때가 있다. 그래서 수학에서는 가능하면 같은 것을 나타내는 여러 가지 꼴의 식을 제시하는 것이다. 하지만 그런 꼴 모두는 어느 하나에서 출발하여 이리저리 변형해 얻을 수 있는 같은 식이다. 특히 원에 대한 정확한 개념을 알고 있다면 하나의 식 $(x - a)^2 + (y - b)^2 = r^2$만 알고 있어도 충분하다.

32 X+Y=
원과 직선의 위치 관계
≡ 만능열쇠 판별식

직선과 원은 단순하기도 하지만 실생활에서 많이 이용되는 도형이다. 원과 직선을 소재로 하는 예술작품도 많고, 다양한 건축물도 있다. 이를테면 다음 작품은 추상화의 창시자로 일컬어지는 칸딘스키(Wassily Kandinsky, 1866~1944)의 〈원 안의 원〉이라는 작품이다. 작품 속의 원은 다양한 이미지를 만들어 내는

상징이다. 이 작품을 보고 어떤 사람은 세포의 세계를, 다른 사람은 곡예사의 공타기나 비눗방울 놀이를 떠올리기도 한다.

한편, 우리나라 전통 놀이 중에서 굴렁쇠 놀이가 있다. 굴렁쇠 놀이는 동그란 바퀴를 막대기로 밀며 달리는 것으로, 1988년 서울 올림픽에서 한 어린이가 굴렁쇠를 굴리

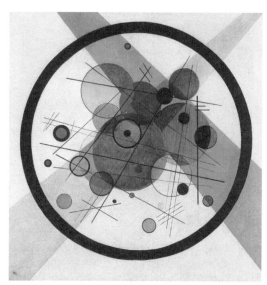

칸딘스키, 〈원 안의 원〉, 1923년, 캔버스에 유채, 98.7×95.6cm, 필라델피아미술관

며 운동장을 가로지르는 인상 깊은 장면을 연출하여 전 세계 사람들에게 큰 감동을 주었다. 이처럼 우리는 실생활에서 원과 직선을 다양하게 활용하고 있다.

Σ 수학이 다루는 원과 직선의 위치 관계

이제 수학에서 원과 직선 사이의 위치 관계를 어떻게 다루는지 알아보자. 사실 원과 직선의 위치 관계는 원과 직선이 만나는 점의 개수에 따라 세 가지 경우가 있음을 중학교에서 배운다. 〈그림1〉과 같이 반지름의 길이가 r인 원과 세 직선이 있는데, 원의 중심 O와 세 직선 사이의 거리를 d라 할 때, 다음의 관계가 성립한다.

| 그림1 |

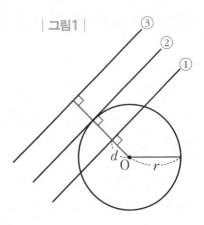

| 원과 직선의 위치 관계 |

① 서로 다른 두 점에서 만난다. ⇔ $d < r$
② 한 점에서 만난다. ⇔ $d = r$
③ 만나지 않는다. ⇔ $d > r$

중학교 때는 원과 직선을 좌표평면 위에서 다루지 않는다. 중학교에서 배운 것보다 약간 어렵지만, 이를 고등학교 과정에 맞게 좌표평면 위에서 수학적으로 알아보자. 이 경우도 마찬가지이지만 기본 개념만 알고 있으면 되며, 그 나머지는 수식이 복잡해도 단순한 계산 과정이다.

앞에서 우리는 중심이 원점인 원의 방정식 $x^2 + y^2 = r^2$ 과 직선의 방정식 $y = mx + n$ 에 대하여 살펴봤다. 그런데 원과 직선의 위치 관계에서 두 도형이 만난다는 것은 어떤 점 (a, b)가 원의 방정식도 만족하고 직선의 방정식도 만족한다는 뜻이다.

즉, 원과 직선의 방정식이 각각

$$x^2 + y^2 = r^2 \quad \cdots\cdots ①$$
$$y = mx + n \quad \cdots\cdots ②$$

일 때, 이들의 교점의 좌표는 이 두 방정식을 연립하여 풀었을 때의 해다.

②를 ①에 대입하면

$$x^2 + (mx + n)^2 = r^2, \ x^2 + m^2x^2 + 2mnx + n^2 = r^2,$$
$$(m^2 + 1)x^2 + 2mnx + n^2 - r^2 = 0 \quad \cdots\cdots ③$$

이다. 즉, 이 이차방정식의 해는 원과 직선의 교점의 x좌표이므로 이차방정식의 실근의 개수에 따라 원과 직선의 위치 관계가 결정된다.

Σ 이차방정식이 나오면 반사적으로 떠올려야 하는 두 가지

여기서 잠깐! 여러분이 수학 문제를 풀 때, 이차방정식이 등장한다면 반드시 떠올려야 하는 것이 두 가지 있다. 첫 번째가 이차방정식의 근의 공식 $x = \dfrac{-b \pm \sqrt{b^2 - 4ac}}{2a}$ 이다. 두 번째가 근의 공식에서 근이 실수일 조건에 대하여 판별하는 판별식 $D = b^2 - 4ac$ 이다. 특히 판별식 D는 이차방정식의 근이 두 개이면 $D > 0$, 중근이면 $D = 0$, 근이 없으면 $D < 0$ 의 조건으로 근을 판별하는 것이다. 따라서 원과 직선의 위치 관계에서 얻은 이차방정식

③의 판별식을 D라 하면, D의 값에 따라 원과 직선의 위치 관계는 다음과 같이 정해진다.

| D 값에 따른 원과 직선의 위치 관계 |

	$D > 0$	$D = 0$	$D < 0$
	서로 다른 두 점에서 만난다.	한 점에서 만난다. (접한다).	만나지 않는다.
원과 직선의 위치 관계			
원과 직선이 만나는 점의 개수	2	1	0

예를 들어 원 $x^2 + y^2 = 1$과 직선 $y = 2x + k$의 위치 관계를 알아보자.

$y = 2x + k$을 $x^2 + y^2 = 1$에 대입하여 정리하면 다음 이차방정식을 얻는다.

$$5x^2 + 4kx + k^2 - 1 = 0$$

이때 이차방정식의 판별식은 다음과 같다.

$$\begin{aligned} D &= b^2 - 4ac \\ &= 16k^2 - 4 \times 5 \times (k^2 - 1) \\ &= -4k^2 + 20 \end{aligned}$$

따라서 원과 직선이

❶ 두 점에서 만나려면 $D > 0$인 경우이므로

$$-4k^2 + 20 > 0, \ k^2 < 5$$

이다. 즉,

$$-\sqrt{5} < k < \sqrt{5}$$

❷ 한 점에서 만나려면 $D=0$인 경우이므로

$$-4k^2 + 20 = 0, \ k^2 = 5$$

이다. 즉,

$$k = -\sqrt{5} \ \text{또는} \ k = \sqrt{5}$$

❸ 만나지 않으려면 $D<0$인 경우이므로

$$-4k^2 + 20 < 0, \ k^2 > 5$$

이다. 즉,

$$k < -\sqrt{5} \ \text{또는} \ k > \sqrt{5}$$

이처럼 이차방정식으로 표현되는 모든 문제는 근의 공식과 판별식을 이용한다고 생각하면 된다. 그래서 근의 공식과 판별식은 반드시 알아두어야 할 내용이다.

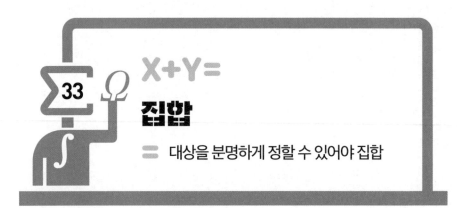

집합

대상을 분명하게 정할 수 있어야 집합

하계올림픽과 동계올림픽은 국제올림픽위원회의 주관하에 하계와 동계 각각 4년에 한 번 개최되는 전 세계 최대 규모의 종합 스포츠 축제다. 올림픽에서 경기가 치러지는 종목은 하계올림픽이 2024년 기준 32개 부문 329개 경기로 구성되어 있으며, 동계올림픽이 2022년 기준 7개 부문 103개 경기로 구성되어 있다. 하지만 올림픽 정식 종목의 종류 및 숫자는 대회마다 조금씩 변경될 수 있다. 이를테면, 야구와 소프트볼의 경우 2020년 올림픽에서는 경기 종목이었으나 2024년 올림픽에서는 제외되었다. 태권도는 2000년 올림픽에서 정식 종목으로 채택된 이후 지금까지 정식 종목 지위를 유지하고 있다.

하계올림픽과 동계올림픽은 4년에 한 번 개최되는 전 세계 최대 규모의 종합 스포츠 축제다. 올림픽에서 경기가 치러지는 종목의 종류 및 숫자는 대회마다 조금씩 변경될 수 있다.

Σ '재미있는 종목'만 고르면 집합이 아닌 이유

다음은 올림픽 종목 중에서 몇 가지 종목을 나열한 것이다.

럭비, 경보, 수영, 배구, 수구, 조정, 축구, 다이빙

위의 경기중에서 '공을 사용하는 종목'을 모두 말하라면 럭비, 배구, 수구, 축구라고 하면 된다. 하지만 '재미있는 종목'을 모두 말하라면 사람마다 재미있어하는 종목이 다를 수 있기에 어떤 종목을 말해야 할지 모른다. 즉, '공을 사용하는 종목'은 그 대상을 분명하게 정할 수 있지만, '재미있는 종목'은 재미있다는 기준이 명확하지 않으므로 그 대상이 분명하지 않다. 이와 같이 어떤 기준에 따라 대상을 분명하게 정할 수 있을 때, 그 대상들의 모임을 **집합** 이라고 한다. 이때 집합을 이루는 대상 하나하나를 그 집합의 **원소** 라고 한다. 일반적으로 집합은 알파벳 대문자 $A, B, C, \cdots$로 나타내고, 원소는 소문자 $a, b, c, \cdots$로 나타낸다.

위에 나열한 경기에 대하여 공을 사용하는 종목의 모임을 A, 걸린 시간을 측정하여 순위를 정하는 종목의 모임을 B, 물에서 하는 종목의 모임을 C, 보고 있

기준이 분명하지 않아 대상이 명확하지 않으면 집합이 될 수 없다.

으면 즐거운 종목의 모임을 D라 하자. 그러면 A, B, C는 대상을 분명하게 정할 수 있으므로 모두 집합이다. 하지만 보고 있으면 즐거운 종목의 모임인 D는 대상을 분명하게 정할 수 없으므로 집합이 아니다.

집합은 한자 '集合'의 음역이다. 여기서 集은 '모으다, 모이다'라는 뜻이 있고, 合에는 '모이다, 합하다'라는 뜻이 있으므로 집합은 '한군데로 모임 또는 한군데로 모음'이란 뜻이다. 또 집합을 영어로 'set'이라 하는데, set에도 '어떤 목적을 위해 함께 놓아둔 물건의 모임'이라는 뜻이 있다.

한편 원소는 한자 '元素'의 음역이다. 元은 '근본', 素에는 '바탕'이라는 뜻이 있다. 그래서 元素는 '근본이 되고 바탕이 되는 것'이라는 뜻이 있다. 그래서 집합에서 원소는 집합을 만들어 내는 근본적인 것이라는 뜻이다. 또 원소를 영어로는 'element'라고 하는데, 전체를 형성하는 성분이나 요소의 하나로서 그 이상 나눌 수 없음을 나타낼 때 사용한다.

Σ 집합과 원소의 관계

이제 집합과 원소 사이의 관계를 나타내는 방법을 알아보자.

a가 집합 A의 원소일 때, 'a는 집합 A에 속한다'고 하며 기호로 $a \in A$와 같이 나타낸다. 반면에 b가 집합 A의 원소가 아닐 때, 'b는 집합 A에 속하지 않는다'고 하며 기호로 $b \notin A$와 같이 나타낸다. 여기서 어떤 것이 집합의 원소임을 나타내는 기호 $\in$은 영어 'Element'에서 앞 글자를 따온 것이다. 이를테면 앞의 올림픽 경기 종목을 다음과 같이 표현하면, 그 집합의 원소라는 의미다.

럭비$\in A$, 다이빙$\notin A$, 수영$\in B$, 축구$\notin B$, 수구$\in C$, 경보$\notin C$

이때 기호 ∈의 방향에 유의해야 한다. 럭비∈A, 다이빙∉A를 각각 A∋럭비, A∌다이빙과 같이 원소와 집합의 위치를 바꾸어 쓰기도 하지만, 일반적으로 원소를 왼쪽, 집합을 오른쪽에 적어 럭비∈A, 다이빙∉A로 나타낸다.

집합을 나타내는 방법에는 크게 원소나열법과 조건제시법 그리고 벤 다이어그램이 있다. 집합에 속하는 모든 원소를 중괄호인 { } 안에 일일이 나열하여 집합을 나타내는 방법을 **원소나열법**이라고 한다. 예를 들어 앞에서 제시한 종목을 원소나열법으로 나타내면 다음과 같다.

| 원소나열법 |

$$A = \{\,럭비, 배구, 수구, 축구\,\}, \; B = \{\,경보, 조정, 수영\,\}$$
$$C = \{\,수영, 수구, 조정, 다이빙\,\}$$

이때 원소를 나열하는 순서는 생각하지 않으며 같은 원소는 중복하여 나열하지 않는다. 즉, 이를테면 다음은 모두 같은 집합 B이다.

$$B = \{\,경보, 조정, 수영\,\} = \{\,조정, 경보, 수영\,\} = \{\,수영, 경보, 조정\,\}$$

또 집합의 원소의 개수가 많고, 원소 사이에 일정한 규칙이 있을 때는 '⋯'을 사용하여 원소의 일부를 생략하기도 한다. 이를테면 {1, 2, 3, ⋯, 100}과 같이 나타낼 수 있으나, {0, 1, 3, 8, 5, ⋯, 92, 100}은 원소 사이에 일정한 규칙이 없으므로 '⋯'를 사용하여 나타낼 수 없다.

집합을 나타내는 또 다른 방법인 **조건제시법**은 집합의 원소들이 갖는 공통된 성질을 조건을 제시하여 나타내는 방법이다. 예를 들어 집합 {1, 2, 4, 8}의 모든 원소는 '8의 약수'라는 공통된 성질을 갖고 있으므로 {1, 2, 4, 8} = {$x\,|\,x$는 8의 약수}와 같이 나타낼 수 있다. 이때 중괄호 안의 앞에 있는 x는 나눔 선 '|'의 오른쪽에 있는 성질을 만족하는 원소라는 뜻이다.

집합을 나타낼 때 그림으로 나타내는 방법이 **벤 다이어그램**이다. 예를 들어 앞에서 주어진 경기 종목 중에서 공으로 하는 종목의 집합을 〈그림1〉과 같이 벤 다이어그램으로 나타낼 수 있다.

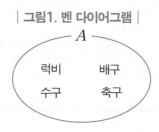

| 그림1. 벤 다이어그램 |

Σ 집합의 원소 개수

이제 집합의 원소의 개수에 대하여 알아보자. 원소가 유한개인 집합을 **유한집합**이라 하고, 원소가 무수히 많은 집합을 **무한집합**이라고 한다. 집합 A가 유한집합일 때, 집합 A의 원소의 개수를 기호로 $n(A)$와 같이 나타낸다. $n(A)$의 n은 개수를 뜻하는 영어인 'number'의 첫 글자다. 예를 들어 앞의 경기 종목에 대한 세 집합 A, B, C에 대하여 $n(A) = 4$, $n(A) = 3$, $n(A) = 4$다.

한편, 원소가 하나도 없는 집합을 공집합이라 하며 기호로 $\varnothing$과 같이 나타낸다. 기호 $\varnothing$은 프랑스의 수학자 베유(André Abraham Weil, 1906~1998)가 덴마크의 알파벳에서 따온 것이다. 공집합은 한자로 '空集合'인데 이는 '비어있는 집합'이라는 뜻이다. 즉, 공집합은 원소 하나도 없으므로 $n(\varnothing) = 0$인 유한집합으로 생각한다. 이때 집합 E가 $E = \{\varnothing\}$이라면 이것은 $\varnothing \in E$라는 뜻으로 집합 E는 $\varnothing$을 원소로 갖는다. 따라서 $n(E) = 1$이다. 굳이 공집합을 중괄호를 사용하여 나타내려면, 공집합은 원소가 하나도 없으므로 중괄호 { }만 쓰면 된다. 그러나 고등학교 과정에서 공집합은 $\varnothing$만 사용하고 있다. 또 $\varnothing$은 그리스 문자 ϕ와 다르므로 '파이(phi)'라고 읽지 않고 공집합이라고 읽는다.

특히 집합을 다루는 문제에서 공집합의 기호에 대한 문제가 자주 출제된다. 따라서 공집합의 뜻과 공집합임을 나타내는 기호를 잘 알고 있어야 한다.

중괄호는 누가 언제부터 사용했을까?

보통 ( )는 소괄호, { }는 중괄호, [ ]는 대괄호라고 한다. 그런데 이런 괄호 기호를 누가, 언제부터 사용하기 시작했는지는 정확하지 않다. 1593년에 출판된 프랑스 수학자 비에트(François Viète, 1540~1603)의 책에서 중괄호를 볼 수 있으나, 오늘날의 중괄호 역할이 아닌 소괄호 역할을 하고 있다. 약 1550년경 이탈리아의 수학자 봄벨리(Rafael Bombelli, 1526~1572)의 원고에서도 대괄호가 소괄호처럼 사용되고 있다. 또 1629년에 지라드(Albert Girard, 1532~1632)가 대괄호를 도입했다는 주장도 있고, 비에트가 대괄호를 도입했다는 주장도 있다.

현재 수학의 역사를 연구하는 학자들은 세 가지 괄호는 어느 누구의 독창적인 생각이 아니고 여러 수학자가 간간이 개별적으로 사용하던 것이 차츰 통합되어 오늘에 이른 것으로 보고 있다. 다만, 독일의 수학자 칸토어(Ferdinand Ludwing Cantor, 1845~1918)가 1895년에 쓴 원고에서 처음으로 집합을 나타내는 기호로 중괄호를 사용하고 있다. 그가 특별히 중괄호로 집합을 나타낸 이유는 알려지지 않고 있다.

소괄호는 순서쌍이나 개구간을 나타내는 데 주로 사용되고, 대괄호는 폐구간을 나타내는 데 주로 사용되고 있었기 때문일 것으로 추측하고 있다. 어쨌든 칸토어는 어떤 대상 m을 원소로 하는 집합 M을 $M = \{m\}$으로 나타냈다. 여기서 M과 m은 모두 '집합'을 뜻하는 독일어 'Menge'의 첫 글자다.

현대 수학의 기반이 되는 기초적 집합론을 창시한 독일 수학자 칸토어.

$X+Y=$

집합 사이의 포함 관계

$=$ A의 모든 원소가 B에 속할 때, $A \subset B$

'악기'하면 떠오르는 피아노는 18세기 초 이탈리아에서 처음 고안되었다. 피아노는 88개 내외의 건반을 누르면 건반에 연결된 해머가 각 현을 때려서 소리를 내는 악기다. 피아노는 음역대가 매우 넓고 표현력이 풍부하기에 연주에서 매우 중요한 위치를 차지하고 있다. 그래서 피아노만을 위한 악보도 있고, 피아노와 어울리는 몇 개의 악기와 더불어 실내에서 연주하려고 작곡된 곡도 많다.

피아노 사중주 악기 구성. 피아노 사중주는 피아노를 중심으로 3개의 현악기(바이올린, 첼로, 비올라)로 편성된다.

피아노와 함께 몇 개의 악기로 구성된 실내악 중에서 가장 대표적인 것은 피아노 삼중주와 사중주다. 물론 다른 악기를 사용할 수도 있으나, 일반적으로 피아노 삼중주는 피아노, 바이올린, 첼로를 위해 작성된 음악이고, 피아노 사중주는 피아노, 바이올린, 첼로, 비올라를 위해 작성된 음악을 지칭한다.

Σ A의 모든 원소가 B에 속할 때, 부분집합

피아노 삼중주와 사중주에서 연주되는 악기의 집합을 각각 A와 B로 나타내면 다음과 같다.

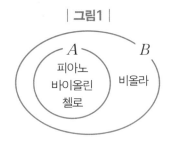

| 그림1 |

A = {피아노, 바이올린, 첼로},

B = {피아노, 비올라, 바이올린, 첼로}

이때 집합 A의 원소는 모두 집합 B의 원소다.

이와 같이 두 집합 A와 B에 대하여 A의 모든 원소가 B에 속할 때, A를 B의 **부분집합** 이라고 하며 기호로 다음과 같이 나타낸다.

$A \subset B$

이때 '집합 A는 집합 B에 포함된다'고 한다. 이를 〈그림1〉과 같이 벤 다이어그램으로 나타낼 수 있다. 한편, 집합 A가 집합 B의 부분집합이 아닐 때, 기호로 다음과 같이 나타낸다.

$A \not\subset B$

그런데, $1 \subset A$나 $\{1\} \in A$와 같이 원소 및 집합의 관계를 혼동해서 사용하는 경우가 있다. 일상생활에서 '속한다'와 '포함된다'가 동일한 의미로 사용되고 있기 때문에 용어의 쓰임을 정확히 알고 있지 않으면 오류를 범하기 쉽다. 기호 ∈은 집합과 원소 사이의 관계에서 '속한다'라는 뜻이고, 기호 ⊂는 집합과 집합 사이의 관계에서 '포함된다'라는 뜻임을 이해해야 한다. 부분집합에는 재미있는 사실이 있다. 모든 집합은 자기 자신의 부분집합이다. 즉 집합 A의 모든 원소는 집합 A의 원소이므로

$$A \subset A$$

이다. 또 공집합은 모든 집합의 부분집합으로 정한다. 즉

$$\varnothing \subset A$$

이다. 공집합이 모든 집합의 부분집합인 이유는 매우 복잡하다. 그래서 교과서에서도 그 이유를 설명하기보다는 그냥 공집합은 모든 집합의 부분집합으로 정한다고 설명하고 있다. 어쨌든, 공집합에 대하여 특이한 일이 벌어진다. 모든 집합은 자기 자신의 부분집합이므로

$$\varnothing \subset \varnothing$$

이다. 즉, 공집합에는 원소가 한 개도 없음에도 불구하고, 공집합에 속하는 모든 원소는 공집합의 원소다. 특이하지만 공집합에 대하여 이런 것이 있음을 그냥 알아두자.

Σ 자신을 제외한 부분집합, 진부분집합

한편, 두 집합 A와 B에 대하여

$$A \subset B \text{이고 } B \subset A$$

일 때, 'A와 B는 서로 같다'고 하며 기호로

$$A = B$$

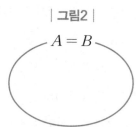

| 그림2 |

$A = B$

와 같이 나타낸다. 이를 벤 다이어그램으로 나타내면 〈그림2〉와 같다. 또 두 집합 A와 B가 서로 같지 않을 때, 기호로 다음과 같이 나타낸다.

$$A \neq B$$

두 집합 A와 B의 원소가 모두 같을 때, 즉 $A = B$일 때, 집합 A의 모든 원소는 집합 B에 속하고, 집합 B의 모든 원소는 집합 A에 속한다. 따라서 $A = B$이면 $A \subset B$이고 $B \subset A$이다. 또 집합 A의 모든 원소가 집합 B에 속하고 집합 B의 모든 원소가 집합 A에 속하면 두 집합 A와 B의 원소는 모두 같으므로 $A = B$이다. 이때 $A \subset B$인 경우와 $B \subset A$인 경우를 각각 벤 다이어그램으로 나타내면 〈그림3〉과 같으므로, $A \subset B$이고 $B \subset A$이면 $A = B$임을 확인할 수 있다.

| 그림3. $A \subset B$인 경우와 $B \subset A$인 경우의 벤 다이어그램 |

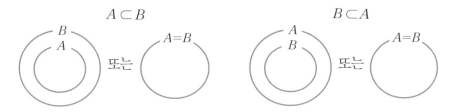

예를 들어 집합 $A = \{1, 2, 4, 8\}$이고 집합 $B = \{\, x \,|\, x$는 8의 약수$\}$라 하자. 그러면 A의 원소 $1, 2, 4, 8$은 모두 8의 약수이므로 모두 집합 B의 원소다. 즉, $A \subset B$. 또 집합 B의 원소는 $1, 2, 4, 8$뿐이고 모든 원소는 집합 A의 원소다. 즉, $B \subset A$. 따라서 '8의 약수'라는 공통된 성질을 갖고 있으므로

$$\{1, 2, 4, 8\} = \{\, x \,|\, x$는 8의 약수$\}$$

마지막으로, 두 집합 A와 B에 대하여 A가 B의 부분집합이지만 서로 같지는 않을 때, 즉

$$A \subset B$$이고 $$A \neq B$$

일 때, A를 B의 **진부분집합** 이라고 한다. 진부분집합은 한자 '眞部分集合'의 음역이다. 여기서 '眞'은 '진짜'를 의미하므로 진부분집합은 '진짜 부분집합'이라는 뜻이다. 영어로 진부분집합은 'proper subset'이라고 한다. 'proper'는 '본

181

래의, 본연의'라는 뜻을 가지므로 진부분집합은 영어로도 진짜 부분집합임을 뜻한다. 즉, 모든 집합은 자기 자신의 부분집합이지만, 자신을 제외한 부분집합만을 생각할 때가 진부분집합이다.

예를 들어, 집합 $\{a, b\}$에서 부분집합과 진부분집합은 다음과 같다.

부분집합은 $\varnothing, \{a\}, \{b\}, \{a, b\}$

진부분집합은 $\varnothing, \{a\}, \{b\}$

한편, 두 집합 A와 B 사이의 포함 관계를 벤 다이어그램으로 나타내면 다음과 같이 다섯 가지 경우로 생각할 수 있다.

| 그림4. A와 B 사이의 포함 관계 |

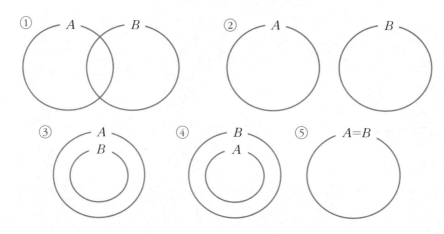

이때 $A \subset B$, $B \subset A$, $A \not\subset B$, $B \not\subset A$, $A \not\subset B$이고 $B \not\subset A$인 경우는 각각 다음과 같다.

- $A \subset B$인 경우 : ④, ⑤
- $B \subset A$인 경우 : ③, ⑤
- $A \not\subset B$인 경우 : ①, ②, ③
- $B \not\subset A$인 경우 : ①, ②, ④
- $A \not\subset B$이고 $B \not\subset A$인 경우 : ①, ②

그렇다면 마지막으로 드는 생각! 공집합은 진부분집합이 있을까? 진부분집합은 부분집합 중에서 자기 자신을 제외한 나머지 진짜 부분집합이다. 그런데 공집합의 부분집합은 자기 자신뿐이므로 자기 자신을 제외하면 진짜 부분집합이 없다. 따라서 공집합의 진부분집합은 없다. 이처럼 개념을 정확히 알고 있다면 간단히 추론할 수 있다.

개념 Talk   부분집합 기호 ⊂는 언제부터 사용되었을까?

기호 ⊂는 1898년에 이탈리아의 수학자 페아노(Giuseppe Peano, 1858 ~1932)
가 처음으로 도입하였으나, 페아노가 처음부터 이런 기호를 사용한 것은 아니었다.
그는 독일의 수학자 슈뢰더(Ernst Schröder, 1841~1902)가 논리에 사용하던
기호를 빌려온 것이다. 페아노는 1895년에는 이 기호의 원형(原形)
이라고 할 수 있는 기호로 'c,'를 사용했다. 페아노는 이 기호를
'is contained in… (포함되어 있다)'의 의미로 도입하였다. 즉,
'A is Contained in B'에서 $A \subset B$가 된 것이다. 사실상
기호 ⊂는 '포함한다'는 의미의 라틴어 'contineo'의 첫
자인 c에서 비롯된 것으로 보인다.

부분집합 기호 ⊂는 독일 수학자 슈뢰더(사진)가 논리에서
사용하던 것을 이탈리아 수학자 페아노가 도입했다.

35 X+Y= 합집합과 교집합

= 합집합과 교집합 구하기

동물 행동학자 로렌츠(Konrad Zacharias Lorenz, 1903~1989)는 애완동물을 사람들과 함께 살아간다는 의미에서 '반려동물'이라고 부를 것을 제안했다. 이 주장에는 사람과 동물은 사랑을 주고받으며 더불어 살아가는 존재라는 뜻이 담겨있다. 사실 애완동물이라는 단어는 특별히 사랑하거나 귀여워하여 가까이 두고 다루거나 보기 위해 집에서 기르는 동물이라는 뜻이다. 애완동물에는 사람이 일방적으로 동물을 사랑하거나 귀여워한다는 의미가 바탕에 깔려있다. 하지만 개나 고양이처럼 우리와 함께 생활하는 동물은 서로 감정도 교감하고 즐겁거나 힘들 때 서로를 위로해 줄 수 있기에 일방적으로 감정을 전달하는 관계는 아니다. 따라서 애완동물보다는 반려동물이라는 단어가 더 적절하다고 할 수 있다. 예전에는 개와 고양이가 반려동물의 대부분이었다면 요즘에는 햄스터, 파충류, 조류, 물고기까지 그 대상이 매우 다양해졌다.

Σ 합집합 구하기

이제 반려동물을 이용하여 집합의 연산을 알아보자.

예를 들어 A가 기르고 싶어 하는 반려동물은 개, 고양이, 도마뱀이고 B가 기르고 싶어 하는 반려동물은 개, 고양이, 햄스터, 열대어라고 하자. 이것을 각각 집합으로 나타내면

$A =$ {개, 고양이, 도마뱀}, $B =$ {개, 고양이, 햄스터, 열대어}

이다. 이때 집합 A에 속하거나 집합 B에 속하는 모든 원소로 이루어진 집합은

{개, 고양이, 햄스터, 도마뱀, 열대어}

이다. 이와 같이 두 집합 A와 B에 대하여 A에 속하거나 B에 속하는 모든 원소로 이루어진 집합을 A와 B의 **합집합** 이라고 하며 기호로 다음과 같이 나타낸다.

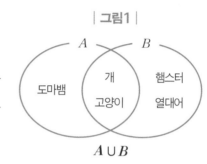

| 그림1 |

$A \cup B$

또 두 집합 A와 B의 합집합을 다음과 같이 나타낼 수 있다.

$A \cup B = \{x \mid x \in A$ 또는 $x \in B\}$

합집합은 한자 '合集合'이고 여기서 '合'은 '모이다, 합하다'라는 뜻이므로 합집합은 말 그대로 두 집합을 합치는 것이다. 합집합은 영어로 'union' 또는 'sum of sets'라 한다. 'union'은 '연합'이라는 뜻이고 'sum of sets'은 '집합의 합'이란 뜻이다. 합집합을 구할 때, 각 집합에 공통으로 들어 있는 원소는 두 번 쓰지 않는다는 집합의 원칙에 따라 한 번씩만 쓰게 된다. 특히 합집합의 기호 ∪을 보면 마치 컵처럼 생겼다. 즉, 컵에 물을 담듯이 모두 담으라는 뜻으로 이런 기호를 사용한다.

두 집합 A와 B의 합집합을 조건제시법으로 나타내면

$A \cup B = \{x \mid x \in A$ 또는 $x \in B\}$

이다. 이때 '또는'은 '이거나'라는 의미로, 아래 그림에서 '$x \in A$ 또는 $x \in B$'
는 다음의 세 가지를 포함한다.

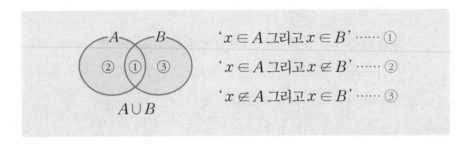

즉, 두 집합 A와 B의 합집합 $A \cup B$는 집합 A와 B의 모든 원소를 합쳐 놓은
집합이라는 뜻이다.

Σ 교집합 구하기

한편, 반려동물의 집합에 대하여 집합 A에도 속하고 집합 B에도 속하는 반려
동물로는 다음이 있다.

{개, 고양이}

이와 같이 두 집합 A와 B에 대하여 A에도 속하고 B에도 속하는 모든 원소로
이루어진 집합을 A와 B의 **교집합** 이라고 하며 기호로는 다음과 같이 나타낸다.

$A \cap B$

또 두 집합 A와 B의 교집합을 다음과 같이 나타낼 수 있다.

$A \cap B = \{x \mid x \in A$ 그리고 $x \in B\}$

교집합은 한자 '交集合'의 음역이고, '交는 '만나다'를 뜻하므로 교집합은
'서로 만나서 생긴 집합'이라는 뜻이다. 교집합을 영어로 'intersection'이라고

하는데, 이것도 '만남'이라는 뜻이다.

두 집합 A와 B의 교집합을 조건제시법으로 나타내면

$$A \cap B = \{x \mid x \in A \text{ 그리고 } x \in B\}$$

이다. 이때 '그리고'는 '동시에'라는 의미로서 '$x \in A$ 그리고 $x \in B$'는 x가 두 집합 A와 B에 모두 속한다는 뜻이다. 즉, 두 집합 A와 B의 교집합 $A \cap B$는 집합 A와 B가 공통으로 가지는 원소의 집합이라는 뜻이다.

그런데 두 집합의 교집합을 생각할 때, 교집합에 원소가 하나도 없는 공집합이 될 경우도 있다. 이와 같이 두 집합 A와 B 사이에 공통인 원소가 없을 때, 즉,

$$A \cap B = \varnothing$$

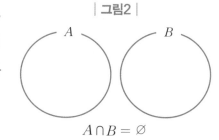

| 그림2 |

$A \cap B = \varnothing$

일 때, 집합 A와 B는 **서로소** 라고 한다. 이때 '소'는 '素'의 음역인데, '흰 비단에 무늬가 없는, 꾸밈이 없는 상태'를 뜻한다. 즉, 같은 것도 무늬나 꾸밈도 없다는 뜻으로 사용되고 있다. 영어로 서로소는 'disjoint'라고 한다. 이것은 '서로 떨어져 있다'는 뜻이다. 즉, 두 집합에 공통 원소가 없으므로 두 집합은 서로 떨어져 있는 것이다.

그렇다면 두 집합의 합집합 $A \cup B$의 원소의 개수 $n(A \cup B)$는 어떻게 구할까? 예를 들어 반려동물의 집합

$$A = \{\text{개, 고양이, 도마뱀}\},$$

$$B = \{\text{개, 고양이, 햄스터, 열대어}\}$$

에서 $n(A) = 3$이고 $n(B) = 4$이다.

| 그림3 |

도마뱀 | 개 고양이 | 햄스터 열대어

$A \cap B$

또 두 집합의 합집합은 $A \cup B = \{\text{개, 고양이, 햄스터, 도마뱀, 열대어}\}$이므로 $n(A \cup B) = 5$이다. 집합 A의 원소의 개수를 구할 때, 셌던 원소는 개,

고양이, 도마뱀으로 3이다. 또 집합 B의 원소의 개수를 구할 때, 셌던 원소는 개, 고양이, 햄스터, 열대어로 4이다. 그런데 두 집합의 합집합 원소를 구할 때, A의 원소로 개, 고양이, 도마뱀과 B의 원소로 개, 고양이, 햄스터, 열대어를 세야 한다. 이때 개와 고양이는 집합 A에서도 셌고 집합 B에서도 셌으므로 두 번 센 것이다. 즉, 두 집합의 교집합인 {개, 고양이}를 두 번 셌기에 한 번은 빼줘야 한다. 즉,

$$n(A) + n(B) - n(A \cap B) = 3 + 4 - 2 = 5$$

이므로 다음이 성립한다.

$$n(A \cup B) = n(A) + n(B) - n(A \cap B)$$

| 합집합의 원소의 개수 |

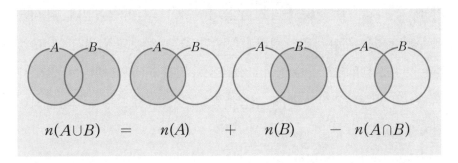

특히 두 집합 A와 B가 서로 소라면, 즉 $A \cap B = \varnothing$이라면 $n(A \cup B) = 0$ 이므로

$$n(A \cup B) = n(A) + n(B)$$

이다. 식 $n(A \cup B) = n(A) + n(B) - n(A \cap B)$로부터 두 집합의 교집합의 원소의 개수도 다음과 같이 합집합의 원소의 개수와 교집합의 원소의 개수를 이항하여 구할 수 있다.

$$n(A \cap B) = n(A) + n(B) - n(A \cup B)$$

또 다음을 알 수 있다.

$$n(A \cap B) = n(A) + n(B) - n(A \cup B)$$
$$n(A) = n(A \cup B) - n(B) + n(A \cap B)$$
$$n(B) = n(A \cup B) - n(A) + n(A \cup B)$$

비교적 간단한 개념이지만 두 집합의 합집합의 원소의 개수를 구하는 방법은 나중에 확률을 구할 때도 이용되므로 반드시 이해하고 있어야 하는 중요한 내용이다.

개념 Talk

기호 ∪과 ∩은 누가 만든 것일까?

합집합과 교집합 기호 ∪과 ∩가 언제부터 사용되었는지는 분명하지 않지만, 이탈리아의 수학자 페아노(Giuseppe Peano, 1858 ~1932)가 두 기호를 처음 사용했다고 전해지고 있다. 기호 ∪과 ∩은 페아노가 사용하였던 ⌣ 와 ⌢ 를 각각 변형한 것으로, 페아노는 독일의 수학자 슈뢰더(Ernst Schröder, 1841~1902)가 논리합과 논리곱을 나타내기 위해 사용한 기호 ＋, ×가 덧셈 기호, 곱셈 기호와 구별하기 어렵기 때문에 ⌣와 ⌢를 새로 도입했다고 한다.

이탈리아의 수학자이자 성문학자 주세페 페아노. 200권이 넘는 책과 논문을 쓴 그는 수리 논리학과 집합 이론의 창시자다.

36 X+Y=
집합의 연산 법칙
= 순서와 관계없이 성립하는 3가지 법칙

라면 끓이기 같은 간단한 요리라도 순서가 매우 중요하다. 예를 들어 라면을 끓일 때, 냄비에 적당한 양의 물을 붓고 가스레인지에 올려 물이 끓은 후에 면을 넣어야 제대로 된 라면을 먹을 수 있다. 그런데 면만 넣은 냄비를 가스레인지에 올려 냄비를 달군 후에 물을 붓는다면 면이 모두 타서 결국 먹을 수 없게 된다.

옷을 입을 때도 순서가 매우 중요하다. 예를 들어 팬티와 바지를 입을 때 팬티를 입고 바지를 입어야지, 바지를 먼저 입고 팬티를 입는다면 슈퍼맨 같은 패션으로 길을 나서야 할 것이다. 이와 같이 실생활에서 두 종류 이상의 일을 할 때 어떤 일을 먼저 할 것인지는 매우 중요하다.

여러분은 저처럼 입으시면 안 됩니다.

그러나 종종 어떤 것을 먼저 해도 그 결과는 같은 경우도 있다. 예를 들어 수학 공부를 1시간 하고 난 후에 국어 공부를 1시간 했다면, 모두 2시간을 공부한 것이다. 이때 국어를 먼저 공부한 뒤 수학을 1시간 공부했어도 모두

2시간 공부한 것이다. 이런 경우는 어떤 일을 먼저 해도 그 결과는 같다.

수학도 마찬가지다. 두 가지 이상의 일을 할 때, 순서를 정해야 할 경우가 훨씬 더 많지만 수학적으로 이를 이해하는 것은 쉽지 않다. 그래서 순서를 지켜야 하는 경우는 수학을 전공하는 수학과 학생이 2학년 이상에서 배우게 되는데, 그전까지는 순서와 관계없는 경우만을 주로 다룬다. 이제 순서와 관계없이 성립하는 법칙에 대하여 알아보자.

Σ 교환법칙과 결합법칙

앞에서 우리는 반려동물의 두 집합

$\quad A = \{$개, 고양이, 도마뱀$\}$, $B = \{$개, 고양이, 햄스터, 열대어$\}$

으로 합집합과 교집합에 대하여 알아보았다. 두 집합의 합집합은 다음과 같다.

$\quad A \cup B = \{$개, 고양이, 도마뱀$\} \cup \{$개, 고양이, 햄스터, 열대어$\}$

$\qquad\quad = \{$개, 고양이, 햄스터, 도마뱀, 열대어$\}$

$\quad B \cup A = \{$개, 고양이, 햄스터, 열대어$\} \cup \{$개, 고양이, 도마뱀$\}$

$\qquad\quad = \{$개, 고양이, 햄스터, 도마뱀, 열대어$\}$

또 두 집합의 교집합은 다음과 같다.

$\quad A \cap B = \{$개, 고양이, 도마뱀$\} \cap \{$개, 고양이, 햄스터, 열대어$\}$

$\qquad\quad = \{$개, 고양이$\}$

$\quad B \cap A = \{$개, 고양이, 햄스터, 열대어$\} \cap \{$개, 고양이, 도마뱀$\}$

$\qquad\quad = \{$개, 고양이$\}$

일반적으로 두 집합 A와 B에 대하여 $A \cup B = B \cup A$, $A \cap B = B \cap A$가 성립하고, 이것을 각각 합집합과 교집합에 대한 **교환법칙** 이라고 한다. 임의의

두 집합 A와 B에 대하여 다음과 같으므로,

$$A \cup B = \{x \mid x \in A \text{ 또는 } x \in B\}$$

$$= \{x \mid x \in B \text{ 또는 } x \in A\} = B \cup A$$

$$A \cap B = \{x \mid x \in A \text{ 그리고 } x \in B\}$$

$$= \{x \mid x \in B \text{ 그리고 } x \in A\} = B \cap A$$

| 그림1. 교환법칙 증명 |

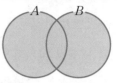

$$A \cup B = B \cup A$$

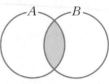

$$A \cap B = B \cap A$$

합집합과 교집합에 대한 교환법칙이 성립함을 알 수 있다. 또, 세 집합 A, B, C에 대하여

$$(A \cup B) \cup C = A \cup (B \cup C),$$

$$(A \cap B) \cap C = A \cap (B \cap C)$$

가 성립하고, 이것을 각각 합집합과 교집합에 대한 **결합법칙** 이라고 한다. 두 가지 결합법칙이 성립하는 것은 집합의 포함 관계를 이용하여 증명해야 하지만, 간단히 벤 다이어그램을 이용해서 보일 수 있다. 여기서 합집합에 대한 결합법칙 $(A \cup B) \cup C = A \cup (B \cup C)$이 성립함을 벤 다이어그램으로 〈그림2〉와 같이 설명할 수 있다.

| 그림2. 결합법칙 증명 |

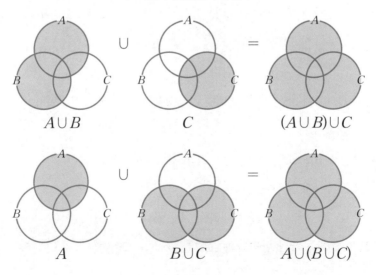

Σ 분배법칙

세 집합 A, B, C에 대하여 다음이 성립한다.

$$A \cap (B \cup C) = (A \cap B) \cup (A \cap C),$$
$$A \cup (B \cap C) = (A \cup B) \cap (A \cup C)$$

이것을 집합의 연산에 대한 **분배법칙** 이라고 한다. 분배법칙은 말 그대로 나눠주는 법칙이다. 이때 괄호 앞에 있는 집합과 연산기호는 〈그림3〉과 같이 '$A \cup$'과 '$A \cap$'이 한 묶음으로 분배된다.

결합법칙의 증명과 마찬가지로 분배법칙의 증명도 벤 다이어그램을 이용해서 보일 수 있다.

| 그림3. 분배법칙 |

$$A \cap (B \cup C) = (A \cap B) \cup (A \cap C)$$
$$A \cup (B \cap C) = (A \cup B) \cap (A \cup C)$$

$A \cup (B \cap C) = (A \cup B) \cap (A \cup C)$에 대하여 다음과 같이 설명할 수 있다.

| 그림4. 분배법칙 증명1 |

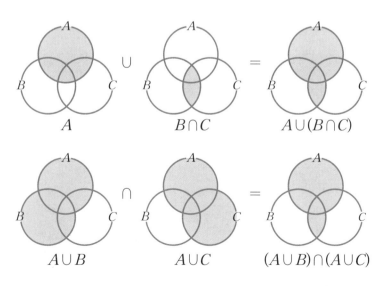

또 $A \cap (B \cup C) = (A \cap B) \cup (A \cap C)$에 대하여 다음과 같이 설명할 수 있다.

| 그림5. 분배법칙 증명2 |

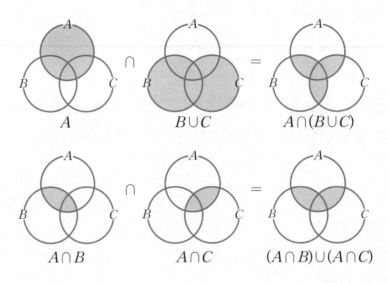

수학에서 어떤 공식이나 법칙을 증명하는 것은 항상 논리적이고 복잡한 수식의 전개만으로 이루어지는 것은 아니다. 위와 같이 그림을 이용하여 그 내용을 보일 수 있는 것이 수학에는 많이 있다. 개념을 직관적으로 이해하기 위해서는 그림을 그려보는 것이 매우 중요하다.

개념을 정확히 이해했다면 위의 경우처럼 그 내용을 그림으로 나타낼 수 있어야 한다. 그렇지 않다면 아직 수학적 내용에 대한 개념이 정확히 잡혀있지 않은 것이다. 따라서 어떤 개념을 이해했다면 그 개념에 대한 그림을 그려보자.

개념 Talk

몇 개의 집합까지
벤 다이어그램으로 그릴 수 있을까?

집합을 그림으로 나타내는 벤 다이어그램은 19세기 영국의 논리학자 벤(Venn John, 1834~1923)이 창안한 그림이다. 벤 다이어그램은 1880년에 발표한 그의 논문 〈명제와 논리의 도식적, 역학적 표현에 관하여〉에서 처음으로 소개되어 집합 사이의 관계를 도식화하는 도구로 사용되기 시작했다.

벤 다이어그램을 창안한 영국의 논리학자 벤 존. 집합이 3개인 경우의 벤 다이어그램.

집합이 한 개나 두 개일 때는 간단한 그림으로 나타낼 수 있다. 집합이 3개인 경우는 집합이 2개인 경우를 벤 다이어그램으로 그린 그림 위에 하나의 집합을 더 그리면 되므로 어렵지 않게 그릴 수 있다.

그렇다면 집합이 4개일 때 벤 다이어그램은 어떻게 그릴 수 있을까? 그릴 수 있다면 그 모양은 어떤 것일까? 〈그림1〉과 〈그림2〉는 1880년에 벤이 4개의 집합을 벤 다이

| 그림1. 집합이 4개인 경우 1 | | 그림2. 집합이 4개인 경우 2 |

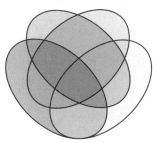

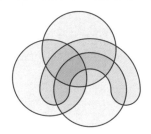

집합

집합의 연산 법칙

195

어그램으로 나타낸 두 가지 방법이다. 이 두 가지는 집합이 3개일 때의 벤 다이어그램에 하나의 집합을 더 추가하는 방식으로 그려진 것이다.

과연 몇 개의 집합까지 벤 다이어그램으로 나타낼 수 있을까? 이 문제를 알아보기 위하여 〈그림3〉을 살펴보자.

| 그림3. 2개의 집합과 3개의 집합의 벤 다이어그램 |

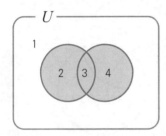 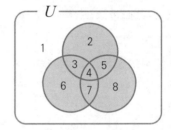

2개의 집합은 4개의 영역으로, 3개의 집합은 8개의 영역으로 나뉜다.

왼쪽은 2개의 집합을 벤 다이어그램으로 나타낸 것이고, 오른쪽은 3개의 집합을 벤 다이어그램으로 나타낸 것이다. 그림에서 알 수 있듯이 전체집합 안에서 2개의 집합을 벤 다이어그램으로 나타내면 $4(=2^2)$개의 영역으로 나뉘고, 3개의 집합을 벤 다이어그램으로 나타내면 $8(=2^3)$개의 영역으로 나뉜다.

이와 같은 방법으로 전체집합 안에서 4개의 집합을 벤 다이어그램으로 나타내면 $16(=2^4)$개의 영역으로 나뉜다. 생각을 자연스럽게 확장하면 전체집합 안에서 n개의 집합을 벤 다이어그램으로 나타내면 2^n개의 영역으로 나뉜다는 것을 알 수 있다. 따라서 몇 개의 집합이라고 하더라도 그것들의 벤 다이어그램을 그릴 수 있게 된다.

X+Y=
여집합과 차집합

= "손끝으로 원을 그려봐. 그걸 뺀 만큼
널 사랑해"를 집합으로 표현하면?

우주는 우리가 생각하는 것보다 훨씬 넓다. 우주에는 셀 수 없을 만큼의 은하가 존재하며, 그런 은하 중의 하나가 우리은하다. 우리은하도 상상할 수 없을 만큼 크고 넓기에 수천억 개의 태양과 같이 스스로 빛을 내는 항성이 있다. 태양은 그런 항성 중 하나다. 우리가 살고 있는 지구는 태양을 중심으로 회전하는 태양계에 있으며, 태양은 지구와 같은 행성을 모두 8개 갖고 있다.

고대에는 지구가 우주의 중심이고 하늘의 별이 지구를 중심으로 돌고 있다는 천동설이 주된 학설이었다. 그러나 16세기에 코페르니쿠스(Nicolaus Copernicus, 1473~1543)가 태양중심설을 최초로 수학적으로 예측한 이후에 17세기에 케플러(Johannes Kepler, 1571~1630), 갈릴레오(Galileo Galilei, 1564~1642), 뉴턴(Isaac Newton, 1642~1727) 등이 물리학에 대한 이해를 바탕으로 지구가 태양 주위를 움직이고, 여러 힘의 균형으로 행성이 움직인다는 것을 이해하게 되었다.

태양을 포함한 태양계 전체 질량의 99.86%를 태양이 차지한다. 나머지 0.14%의 질량 중에서 목성과 토성이 거의 90%를 차지한다. 따라서 지구가 태양계에서 차지하는 질량의 비중은 극히 작다. 이와 같은 태양계는 지구형 행성으로 분류되는 수성, 금성, 지구, 화성의 내행성계와 그렇지 않은 외행성계로 구분한다.

Σ 내행성계 행성의 여집합

태양계에 있는 행성을 집합으로 나타내보자.

태양계 행성 전체를 U라 하면

U = {수성, 금성, 지구, 화성, 목성, 토성, 천왕성, 해왕성}

이고, 집합 A를 태양계 중에서 내행성계에 있는 행성의 집합이라고 하면

A = {수성, 금성, 지구, 화성}

이고, A에 속하지 않는 행성인 외행성계의 집합은

{목성, 토성, 천왕성, 해왕성}

| 그림1. A^c |

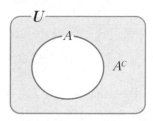

이다. 어떤 집합에 대하여 그것의 부분집합을 생각할 때, 처음에 주어진 집합을 **전체집합** 이라고 하며, 이것을 기호로 U와 같이 나타낸다. 전체집합을 'Universal set'이라고 하기에 첫 글자를 따서 전체집합을 U로 표현한다.

전체집합 U의 부분집합 A에 대하여 U의 원소 중에서 A에 속하지 않는 모든 원소로 이루어진 집합을 U에 대한 A의 **여집합** 이라고 하며, 기호로 A^c와 같이 나타낸다. 여집합은 한자 '餘集合'의 음역이다. 여기서 '餘'는 '그 이외의 것'이란 뜻이 있다. 즉, '여'는 어떤 것을 완성하는 데 필요한 것이라는 뜻이다.

예를 들어 어떤 수의 여수는 어떤 특별한 값을 만들기 위해 더해질 필요가 있는 수이고, 한 각의 여각은 그것을 직각으로 만드는 데 필요한 각이다. 집합에서도 여집합은 그 집합의 원소가 아닌 원소들로 이루어진 집합으로 전체집합을 만드는 데 필요한 집합이란 뜻이다. 또 A^C에서 C는 'Complement'의 첫 글자다. 'Complement'도 '보완하기'라는 뜻이므로 집합 A로 전체집합을 만들기 위해 보완해야 할 것을 뜻한다. A의 여집합을 조건제시법으로 다음과 같이 나타낼 수 있다.

$$A^C = \{x \,|\, x \in U \text{ 그리고 } x \not\in A\}$$

그래서 집합 A의 여집합 A^C는 전체집합의 원소 중에서 A의 원소가 아닌 모든 원소로 이루어진 집합이다. 이를테면 앞의 태양계에 대한 예에서

$U = \{$수성, 금성, 지구, 화성, 목성, 토성, 천왕성, 해왕성$\}$,

$A = \{$수성, 금성, 지구, 화성$\}$

이므로 A^C는 A에 속하지 않는 행성들 모두를 원소로 갖는 집합으로 다음과 같다.

$A^C = \{$목성, 토성, 천왕성, 해왕성$\}$

$\boldsymbol{\Sigma}$ $A - B \neq B - A$

이번에는 여집합과 비슷하지만 의미가 완전히 다른 차집합에 대하여 알아보자.

두 집합 A와 B에 대하여 A의 원소 중에서 B에 속하지 않는 모든 원소로 이루어진 집합을 A에 대한 B의 **차집합** 이라고 하며,

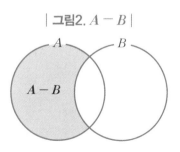

| 그림2. $A - B$ |

$A - B$

기호로 $A - B$와 같이 나타낸다.

차집합 $A - B$는 말 그대로 집합 A의 원소에서 집합 B의 원소를 빼내고 남은 원소로 이루어진 집합이다. 집합 A에 대한 집합 B의 차집합을 다음과 같이 나타낼 수 있다.

$$A - B = \{x \,|\, x \in A \text{ 그리고 } x \not\in B\}$$

예를 들어 두 집합 $A = \{a, b, c\}$와 $B = \{c, d, e, f\}$에 대하여

$$A - B = \{a, b\}, \quad B - A = \{d, e, f\}$$

차집합에 대한 교환법칙은 성립하지 않는다. 즉

$$A - B \neq B - A$$

이다.

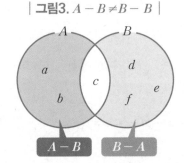

| 그림3. $A - B \neq B - B$ |

또 전체집합 U의 부분집합 A에 대하여 $A^C = U - A$이고, $A - A = \varnothing$이다.

특히 $A - A^C = A$이고 $A^C - A = A^C$이다.

두 집합 A와 B에 대하여 차집합 $A - B$는 A의 원소 중에서 B에도 속하는 원소를 제외한 나머지 원소의 집합이므로 A에서 $A \cap B$의 원소를 제외한 원소의 집합과 같다. 즉, $A - B = A - (A \cap B)$이다.

한편 A^C은 전체집합 U의 원소 중에서 A의 원소를 제외한 나머지 원소의 집합이므로 $A^C = U - A$이다.

집합에서 여집합과 차집합의 개념을 헷갈리는 경우가 종종 있다. 어떤 집합의 여집합은 그 집합 이외의 나머지를 생각하면 되고, 차집합은 그 집합에서 빼내는 것이므로 두 경우의 차이를 잘 이해하고 있어야 한다.

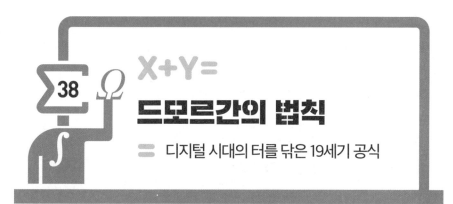

38

X+Y=
드모르간의 법칙
= 디지털 시대의 터를 닦은 19세기 공식

"당신의 MBTI는 무엇인가요?" 간단한 모임에서부터 소개팅, 면접장에 이르기까지 때와 장소를 가리지 않고 날아드는 질문이다. 과거에는 혈액형으로 사람의 성격을 알아보는 게 유행이었다면, 요즘 유행은 MBTI다. MBTI(Myers-Briggs Type Indicator)는 미국인 브릭스(Katharine C. Briggs, 1875~1968)와 그녀의 딸 마이어스(Isabel Briggs Myers, 1897~1980)가 함께 개발한 성격유형검사다. 이들 모녀는 심리학자도 의사도 아닌 그저 평범한 사람이었다.

MBTI는 혈액형 성격유형론과 마찬가지로 과학을 빙자한 가짜과학이므로 완전히 믿으면 곤란하다. 어떻게 지구상 80억 명의 성격을 단 16가지로 나눌 수 있겠는가. 그러나 사람은 누구나 어딘가에 속해 있기를 바라기 때문에, 10개 중에서 3~4개만 맞아도 모두 맞다고 생각하는 경향이 있다고 한다. MBTI

MBTI는 내향(E) 대 외향(I), 감각(S) 대 직관(N), 생각(T) 대 느낌(F), 판단(J) 대 인식(P)으로 성격을 분류한다. 그 결과 총 16가지 성격 유형이 나온다.

도 많은 경우 중에 몇 가지만 일치하더라도 자기가 마치 그 부류에 속한다고 착각하는 것이다. MBTI에서는 다음의 네 가지 지표로 성격 유형을 나타낸다.

- 외향과 내향(EI, Extraversion-Introversion)
- 감각과 직관(SN, Sensing-Intuition)
- 사고와 감정(TF, Thinking-Feeling)
- 판단과 인식(JP, Judgement-Perception)

MBTI의 결과는 네 가지 지표의 교집합으로 표현한다. 예를 들어 외향(E), 직관(N), 감정(F), 판단(J) 유형의 사람은 ENFJ 유형으로 분류된다. 이렇게 분류된 16가지 MBTI 유형은 다음과 같다.

| MBTI 성격 유형 |

ISTJ 세상의 소금 형	ISFJ 보호자 형	INFJ 예언자 형	INTJ 과학자 형
실용적이고 사실에 근거해 행동하는 사람으로 한번 시작한 일은 끝까지 해냄.	매우 헌신적이고 따뜻한 보호자로 항상 사랑하는 사람을 지킬 준비가 됨.	조용하고 신비롭지만 영감을 주고 지칠 줄 모르는 이상주의자로 뛰어난 통찰력을 지님.	상상력이 풍부하고 전략적인 사고를 하는 사람으로 모든 것을 계획하고 있음.
ISTP 백과사전 형	ISFP 예술가 형	INFP 중재자 형	INTP 논리학자 형
대담하고 실용적인 실험가로 논리적이고 뛰어난 상황 적응력을 가졌고, 모든 종류 도구의 대가.	항상 새로운 것을 탐험하고 경험할 준비가 되어 있고, 따뜻한 감성을 가진 겸손한 사람.	시적이고 친절하며 이타적인 사람으로 항상 좋은 일을 도와 이상적인 세상을 만들려는 사람.	지식을 끊임없이 갈망하는 혁신적인 발명가로 성실하고 온화하며 협조적임.
ESTP 기업가 형	ESFP 연예인 형	ENFP 캠페인 활동가 형	ENTP 토론가 형
똑똑하고 활기차고 통찰력이 있는 사람으로 친구, 운동, 음식 등 다양한 활동을 선호함.	자발적이고, 활력이 넘치며 열정적인 사람으로 분위기를 고조시키는 능력이 있음.	열정적이고 창의적이며 사교적인 자유로운 영혼으로 항상 미소 지을 이유를 찾는 사람.	지적 도전을 거부할 수 없는 똑똑하고 호기심이 많은 사상가로 상상력이 풍부하여 새로운 것에 도전하길 좋아함.
ESTJ 사업가 형	ESFJ 친선도모 형	ENFJ 언변능숙 형	ENTJ 지도자 형
탁월한 관리자로 사무적, 실용적, 현실적으로 일을 많이 하는 사람.	배려심이 많고 사교적이며 인기 있는 사람으로 친절하고 봉사하기 좋아함.	카리스마 있고 영감을 주는 리더로 청중을 매료시키는 힘이 있음.	대담하고 상상력이 풍부하며 의지가 강한 리더로서 비전을 갖고 사람들을 이끎.

MBTI에서 E유형의 집합과 S유형의 집합에 대하여 두 집합의 차집합 $E-S$ 는 집합 E의 원소 중에서 S의 원소만 빼내고 남은 것이므로 $E-S=$ {ENFP, ENTP, ENFJ, ENTJ}이다. 그런데 $E \cap S^C =$ {ENFP, ENTP, ENFJ, ENTJ}이므로 $E-S=E \cap S^C$이 성립한다. 또 E^C의 원소에는 E유형이 아닌 I유형만 있고, 다시 $(E^C)^C$의 원소에는 I유형이 아닌 E유형만 있으므로 $(E^C)^C=E$가 성립한다.

일반적으로 전체집합 U의 두 부분집합 A와 B에 대하여 차집합과 여집합에는 다음과 같은 성질이 있다.

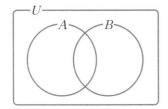

① $A-B=A \cap B^C$
② $A \cap A^C = \varnothing$, $A \cup A^C = U$
③ $U^C = \varnothing$, $\varnothing^C = U$
④ $(A^C)^C = A$

위의 성질 중에서 ①과 ④가 성립함을 벤 다이어그램으로 나타내보자.

먼저 $A-B$를 벤 다이어그램으로 나타내면 다음과 같다.

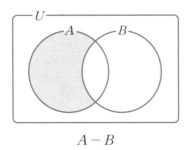

$A-B$

또 $A \cap B^C$을 벤 다이어그램으로 나타내면 다음과 같다.

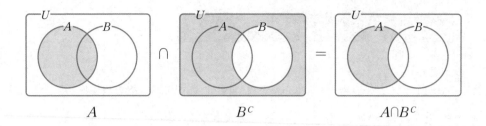

$$A \qquad \cap \qquad B^C \qquad = \qquad A \cap B^C$$

따라서 $A - B = A \cap B^C$이 성립한다.

또, $(A^C)^C$을 벤 다이어그램으로 나타내면 다음과 같다.

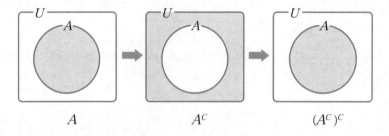

$$A \qquad A^C \qquad (A^C)^C$$

따라서 $(A^C)^C = A$가 성립한다.

이와 같은 방법으로 ②와 ③이 성립한다는 것을 나타낼 수 있다.

Σ 드모르간의 법칙

한편, 예를 들어 $U = \{1, 2, 3, 4, 5, 6, 7\}$, $A = \{1, 2, 3, 6, 7\}$, $B = \{3, 4, 7\}$

일 때, 이들의 관계를 벤 다이어그램으로 나타내면 다음 그림과 같다.

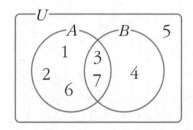

이 전체집합 U와 두 집합 A와 B에 대하여 $(A \cup B)^C$과 $A^C \cap B^C$, $(A \cap B)^C$과 $A^C \cup B^C$을 구하면 다음과 같다.

$$(A \cup B)^C = \{1, 2, 3, 4, 6, 7\}^C = \{5\} = A^C \cap B^C$$
$$(A \cap B)^C = \{3, 7\}^C = \{1, 2, 4, 5, 6\} = A^C \cup B^C$$

일반적으로 전체집합 U의 두 부분집합 A와 B에 대하여 다음(⑤, ⑥)이 성립한다. 이것을 영국의 수학자 드모르간(Augustus De Morgan, 1806~1871)의 이름을 따서 **드모르간의 법칙** 이라고 한다.

$$⑤ (A \cup B)^C = A^C \cap B^C$$
$$⑥ (A \cap B)^C = A^C \cup B^C$$

⑤와 ⑥이 성립함을 벤 다이어그램으로 확인해보자.

먼저 ⑤ $(A \cup B)^C = A^C \cap B^C$를 설명해 보자. $(A \cup B)^C$을 벤 다이어그램으로 나타내면 다음과 같다.

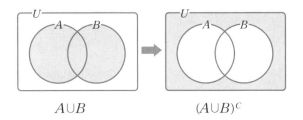

$A \cup B$　　　　　$(A \cup B)^C$

또 $A^C \cap B^C$을 벤 다이어그램으로 나타내면 다음과 같다.

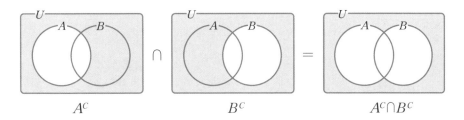

A^C　　　　　B^C　　　　　$A^C \cap B^C$

따라서 $(A \cup B)^C = A^C \cap B^C$ 이 성립한다.

이번에는 ⑥ $(A \cap B)^C = A^C \cup B^C$을 설명해 보자. $(A \cap B)^C$을 벤 다이어그램으로 나타내면 다음과 같다.

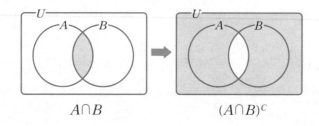

$$A \cap B \qquad (A \cap B)^C$$

또 $A^C \cup B^C$을 벤 다이어그램으로 나타내면 다음과 같다.

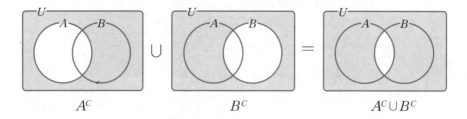

$$A^C \qquad B^C \qquad A^C \cup B^C$$

따라서 $(A \cap B)^C = A^C \cup B^C$이 성립한다.

지금까지 알아본 집합에 대한 ① ~ ⑥까지의 성질을 이용하면, 집합에서 성립하는 여러 가지 등식이 성립함을 보일 수 있다. 또 어떤 집합의 원소 개수를 구할 때도 그 집합이 아닌 집합의 원소 개수를 구하여 전체에서 빼서 구할 수도 있다. 드모르간의 법칙은 집합의 문제에서 빠지지 않고 등장하므로 반드시 알아두는 것이 좋다.

개념 Talk

근대적인 대수학의 개척자, 드모르간

영국의 수학자이자 논리학자 드모르간은 동인도회사 소속 군인이었던 아버지의 근무지인 인도 마두라에서 태어났다. 태어난 해에 가족과 함께 영국으로 이주한 드모르간은 케임브리지대학을 졸업하고, 스물두 살의 나이에 신설된 지 2년 된 런던대학의 수학 교수로 취임했다. 명강의로 이름을 떨치던 드모르간은 1866년 돌연 교수직을 사임하고, 수학협회를 창설하여 초대 회장이 되었다.

수학자로서는 연구 주제를 엄밀한 기초 위에 둘 것을 강조하였다. 특히 집합연산의 기초적 법칙인 드모르간의 법칙을 발견했다. 드모르간의 법칙은 처음에는 논리학과 수학에서 사용되었지만, 나중에는 컴퓨터 공학에까지 사용 범위가 확장되었다.

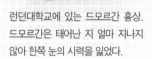

런던대학교에 있는 드모르간 흉상. 드모르간은 태어난 지 얼마 지나지 않아 한쪽 눈의 시력을 잃었다.

논리에 관한 그의 연구 결과들은 현대 논리학의 토대가 되었고, 수학 증명 방법의 하나인 '수학적 귀납법'을 최초로 정의했다.

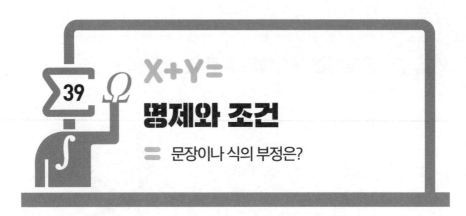

39

X+Y= 명제와 조건

≡ 문장이나 식의 부정은?

동화 《피노키오》는 카를로 콜로디(Carlo Collodi, 1826~1890)가 1881년부터 로마에서 발간된 어린이 잡지 〈어린이 신문〉에 연재한 이야기다. 유네스코 자료에 따르면, 《피노키오》는 전 세계적으로 260개의 언어로 번역되어 세계에서 가장 많이 번역된 책 중 하나이자 가장 많이 번역된 이탈리아어 책이기도 하다. '콜로디'는 작가가 어린 시절을 보낸 마을의 이름을 따서 지은 필명이다. 현재도 이탈리아 콜로디 마을에는 피노키오 공원이 있다.

피노키오는 제페토 할아버지가 만든 목각인형이었는데, 진짜 인간 아이가 되려고 모험을 떠난다. 여러 가지 어려움을 극복하고 마침내 요정의 도움으로 인간 아이가 되는 것이 줄거리다. 피노키오는 거짓말을 하면 코가 길어진다. 이를테면, 피노키오가 '4는 5보다 크다'라고 말하면 코가 길어진다. 그래서 피노키오는 항상 참인 말만 해야 했다. 말하자면 피노키오는 참말과 거짓말을 판별하는 판독기와 같다.

4는 5보다 크다

Σ '한강은 아름답다'는 명제일까?

수학에서 나오는 모든 것은 참과 거짓을 명백히 구분해야 한다. 이때 참 또는 거짓을 명확하게 판별할 수 있는 문장이나 식을 **명제** 라고 한다. 따라서 '지리산은 높다'와 같이 '높다'는 기준이 명확하지 않아서 참인지 거짓인지 판별할 수 없는 경우는 명제가 아니다. 명제는 영어로 'proposition'이라고 하며, 머리글자 p를 따서 보통 p로 나타낸다.

이를테면 '원주율 π는 유리수다'는 원주율 π는 무리수이고, 참과 거짓을 명확히 판별할 수 있으므로 거짓인 명제다. 반면에 '$5 - 2 = 3$'은 참인 명제다. 그러나 '한강은 아름답다'는 '아름답다'의 기준이 명확하지 않으므로 참과 거짓을 판별할 수 없다. 따라서 명제가 아니다. 어쨌든, 명제는 참이건 거짓이건 상관없이 참과 거짓을 명확히 판별할 수 있는 경우다. 즉, 거짓이라고 해서 명제가 아닌 것은 아니다.

한편, '오징어는 바다 동물이다'는 참인 명제고, '사슴은 바다 동물이다'는 거짓인 명제다. 이것을 'x는 바다 동물이다'와 같이 나타냈을 때, x가 오징어면 '오징어는 바다 동물이다'가 되므로 참인 명제이지만, x가 호랑이면 '호랑이는 바다 동물이다'가 되어 거짓인 명제다.

이와 같이 변수 x를 포함하는 문장이나 식이 x의 값에 따라 참과 거짓이 결정될 때, 이 문장이나 식을 **조건** 이라고 한다. 명제와 마찬가지로 조건도 보통 p로 나타낸다. 조건은 말 그대로 어떤 조건에서는 참이고 어떤 조건에서는 거짓이 된다는 뜻이다.

명제 또는 조건 p에 대하여 'p가 아니다'를 p의 **부정** 이라고 하며, 기호로 $\sim p$와 같이 나타낸다. 예를 들어 명제 '3은 소수다'의 부정은 '3은 소수가 아니다'이고 조건 '$x = 1$'의 부정은 '$x \neq 1$'이다.

일반적으로 명제 p가 참이면 $\sim p$는 거짓이고, 명제 p가 거짓이면 $\sim p$는 참이다. 또 $\sim p$의 부정은 p이다. 즉, $\sim(\sim p) = p$이다.

Σ $\sim p$의 진리집합은 P^C

명제나 조건의 부정을 말할 때는 특히 조심해야 한다. 예를 들어 조건 'x는 짝수이다'의 부정으로 'x는 홀수이다'라고 하면 안 된다. 전체집합이 자연수인 경우, 자연수는 짝수 아니면 홀수이므로 조건 'x는 짝수이다'의 부정으로 'x는 홀수이다'가 옳다. 하지만 자연수보다 큰 수의 집합에서는 옳지 않다. 이를테면 -3이나 $\frac{2}{5}$와 같은 수는 짝수도 홀수도 아니기 때문이다. 따라서 조건 'x는 짝수이다'의 부정은 'x는 짝수가 아니다'이다. 이처럼 명제와 조건의 부정을 말할 때는 먼저 '…이 아니다'로 생각해야 한다.

그렇다면 조건을 만족시키는 x만을 모아 놓으면 어떻게 될까? 전체집합 U의 원소 중에서 조건 p를 참이 되게 하는 모든 원소의 집합을 조건 p의 **진리집합**이라고 한다.

이를테면, 자연수 전체의 집합에서 조건

    '$p : x$는 8의 약수이다'

의 진리집합을 P라 할 때,

    $P = \{1, 2, 4, 8\}$

이다. 조건 p의 진리집합을 P라 하면 조건제시법으로

    $P = \{x \mid x$는 $x \in U$이고, 조건 p를 참이 되게 하는 원소$\}$

이다. 이때 조건 p의 부정 $\sim p$의 진리집합은 P^C이다.

예를 들어 전체집합 $U = \{1, 2, 3, 4, 5\}$에 대하여 조건 p를

    $p : x + 1 < 4$

라고 하면, p의 진리집합은 $\{1, 2\}$이다. 만일 $x = 3$이면 $3 + 1 = 4$이므로 $4 < 4$ 즉, 4는 4보다 크다는 것이 성립하지 않으므로 진리집합은 $P = \{1, 2\}$ 이다. 이때 조건 p의 부정 $\sim p$는

$\qquad \sim p : x + 1 \geq 4$

이다. 즉,

$\qquad p : x + 1 < 4$

을 풀어쓰면

$\qquad$ '$x + 1$은 4보다 작다'

이고, 이것의 부정은

$\qquad$ '$x + 1$은 4보다 작지 않다'

이다. '작지 않다'는 '크거나 같다'와 같으므로 주어진 조건의 부정은

$\qquad$ '$x + 1$은 4보다 크거나 같다'

이다. 즉,

$\qquad \sim p : x + 1 \geq 4$

이고,

$\qquad P^C = \{3, 4, 5\}$

이다. 위와 같이 명제 또는 조건의 부정을 구할 때, '작다($<$)'의 부정을 '크다($>$)'로 착각하는 경우가 많다. '작다($<$)'의 부정은 '작지 않다'이므로 '크거나 같다($\geq$)'가 '작다($<$)'의 부정임에 유의해야 한다.

명제와 조건에서 어떤 명제가 참인지 거짓인지를 판별하는 것보다 그 명제의 부정이 무엇인지를 이해하는 것이 중요하다. 대부분 시험에서는 명제의 참과 거짓을 판별하는 것보다는 명제나 조건의 부정이 무엇인지를 묻는 문제가 더 많이 출제된다. 따라서 명제나 조건의 부정을 잘 이해해야 한다. 거의 예외 없이 명제나 조건의 부정은 그 문장이나 식의 마지막 부분에 '아니다'를 붙여서 생각하면 된다.

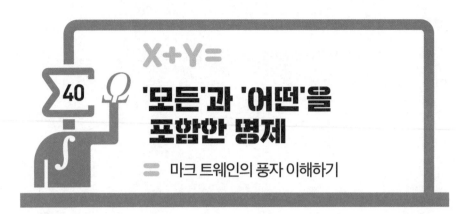

X+Y=

∑ 40 Ω

**'모든'과 '어떤'을
포함한 명제**

= 마크 트웨인의 풍자 이해하기

우리에게《톰 소여의 모험》과《허클베리 핀의 모험》으로 잘 알려진 마크 트웨인(Mark Twain, 1835~1910)은 1835년 11월 30일 미국 미주리주에서 가난한 개척민의 아들로 태어났다. 그의 소설들은 미주리주를 흐르는 미시시피강을 생생하게 그리고 있다. 그가 발표한 많은 작품 중에 남북전쟁이 끝난 이후 미국의 사회 상황을 풍자한 장편소설《도금시대》가 있다. 1873년에 발표한 이 소설에서 그는 당시 미국 정부의 부패상과 정치인 그리고 자본가들의 야비한 실체를 적나라하게 폭로하였다. 이 소설이 출판되고 얼마 지나지 않아서 마크 트웨인은 기자들과 인터뷰하는 자리에서 다음과 같이 이야기했다.

"미국 국회의 어떤 의원은 나쁜 놈이다."

기자들이 이 말을 그대로 신문에 발표하자 워싱턴의 국회의원들은 일제히 마크 트웨인을 비난했다. 그들은 그 말에 대하여 사실을 똑바로 밝히거나 잘못을 인정하는 성명을 발표하지 않으면 법적으로 조치하겠다고 위협했다. 그래서 마크 트웨인은 〈뉴욕타임스〉에 다음과 같은 성명서를 발표했다.

"며칠 전에 내가 '미국 국회의 어떤 의원은 나쁜 놈이다'라고 했다. 그런데 사람들은 그것이 사실이 아니라고 내게 말했다. 그래서 곰곰이 생각해 보니 내가

한 그 말은 잘못된 것이었다. 따라서 나는 오늘 특별히 성명을 발표하여 지난 번 내가 했던 말을 부정하여 다음과 같이 수정한다.”

“미국 국회의 어떤 의원은 나쁜 놈이 아니다.”

마크 트웨인은 자신이 처음 한 말이 잘못되었다고 부정하기는 했지만, 교묘한 방법으로 미국 국회의원을 경멸하는 자신의 뜻을 굽히지 않았다. 그는 자신의 발언을 부정하는 듯했지만, 처음과 같은 결과가 나오게 했다.

Σ '모든'과 '어떤'을 포함한 명제의 참·거짓

일반적으로 조건 p는 참이나 거짓을 판별할 수 없지만, 조건 p 앞에 '모든'이나 '어떤'이 있으면 참과 거짓을 판별할 수 있으므로 명제가 된다. 전체집합 U에 대하여 조건 p의 진리집합을 P라 하면, 전체집합 U에서 명제

$$\text{'모든 } x \text{에 대하여 } p \text{이다.'} \cdots\cdots ①$$

가 참이라는 것은 U에 속하는 모든 원소 x에 대하여 p가 참임을 뜻한다. 따라서 ①은 $P = U$이면 참이고 $P \neq U$이면 거짓이다. 이를테면 〈그림1〉과 같이 전체집합의 모든 x가 조건 p를 만족한다면 조건의 진리집합 P는 U와 같게 된

213

다. 하지만 하나라도 조건을 만족하지 않는 x가 있다
면 그 x는 조건 p의 진리집합 P에 속하지 않으므로 전
체집합의 '모든' 원소에 대하여 조건 p가 참은 아니다.
명제 '모든 x에 대하여 p이다.'를 '임의의 x에 대하여 p
이다.' 또는 '어떠한 x에 대하여도 p이다.' 등과 같이 나
타내기도 한다. 이때 '어떠한'은 '어떤 것이 되었던'이
란 뜻이므로 '모든'을 뜻한다. 여기서 중요한 것은 '어
떠한'은 '어떤'과는 다른 뜻이라는 점이다.

| 그림1 |

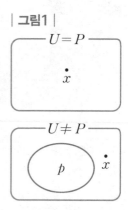

한편, 전체집합 U에서 명제

> '어떤 x에 대하여 p이다.' …… ②

가 참이라는 것은 U의 원소 중에서 p가 참이 되게 하
는 x가 존재함을 뜻한다. 즉, 조건 p가 참이 되게 하는
원소가 하나라도 존재하므로 진리집합 P는 공집합이
아니다. 따라서 ②는 $P \neq \varnothing$이면 참이고, $P = \varnothing$이면

| 그림2 |

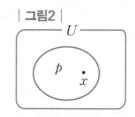

거짓이다. 특히 ②를 수학적이 아닌 좀 더 현실적인 말투로 쉽게 표현하면 '조
건 p를 만족하는 어떤 x가 존재한다.'이다.

예를 들어 전체집합 $U = \{-1, 0, 1\}$에 대하여 '모든 x에 대하여 $x > 0$이다.'는
$-1 < 0$이므로 모든 x에 대하여 $x > 0$인 것은 아니다. 따라서 이 명제는 거짓
이다. 또 '어떤 x에 대하여 $x = |x|$이다.'는 $-1 \neq |-1| = 1$이지만 $0 = |0|$
이고 $1 = |1|$이므로 $x = |x|$를 만족하는 x가 존재한다. 따라서 이 명제는 참
이다. 명제 '어떤 x에 대하여 p이다.'를 'p인 x가 존재한다.' 또는 '적당한 x에
대하여 p이다.' 등과 같이 나타내기도 한다.

Σ '모든'이나 '어떤'을 포함한 명제의 부정

이제 '모든'이나 '어떤'을 포함한 명제의 부정에 대하여 알아보자.

명제

    '모든 x에 대하여 p이다.'

의 부정은

    'p가 아닌 x가 있다.'

이므로

    '어떤 x에 대하여 $\sim p$이다.'

이다. 또

    '어떤 x에 대하여 p이다.'

의 부정은

    'p인 x가 없다.'

이므로

    '모든 x에 대하여 $\sim p$이다.'

이다. 이를 진리집합으로 생각하면 $P = U$의 부정은 $P \neq U$이다. 즉 전체집합 과 진리집합이 같지 않다는 것은 $P^C \neq \varnothing$임을 뜻한다. 이것은 진리집합 P의 원소가 아닌 원소 즉 P^C의 원소가 있음을 뜻하므로 명제

    '어떤 x에 대하여 $\sim p$이다.'

이다.

또 $P \neq \varnothing$의 부정은 $P = \varnothing$이므로 $P^C = U$이다. 이것은 진리집합이 공집합 이 아닌 것의 부정은 진리집합이 공집합임을 뜻한다. 그런데 어떤 집합이 공집 합이면 그 집합의 여집합은 전체집합이다. 따라서 명제

    '모든 x에 대하여 $\sim p$이다.'

이다.

이상을 정리하면 다음과 같다.

| '모든'과 '어떤'의 부정 |

- 명제 '모든 x에 대하여 p이다.'의 부정은 '어떤 x에 대하여 $\sim p$이다.'
- 명제 '어떤 x에 대하여 p이다.'의 부정은 '모든 x에 대하여 $\sim p$이다.'

예를 들어 전체집합 U가 자연수 전체의 집합일 때,

'모든 $x \in U$에 대하여 $x + 4 \geq 7$이다.'

의 부정은

'어떤 $x \in U$에 대하여 $x + 4 < 7$이다.'

이다. 또,

'어떤 $x \in U$에 대하여 $2x = 6$이다.'

의 부정은

'모든 $x \in U$에 대하여 $2x \neq 6$이다.'

이다.

마지막으로 마크 트웨인이 했던

"미국 국회의 어떤 의원은 나쁜 놈이다."

의 정확한 부정은 다음과 같다.

"미국 국회의 모든 의원은 나쁜 놈이 아니다."

'모든'과 '어떤'은 기호로 나타내기도 한다. '모든'은 '모든 것을 칭한다'는 뜻으로 '전칭'이라 하고, '어떤'은 '특별한 것만 한정한다'는 뜻으로 '한정' 또는 '특칭'이라고 한다. '모든'을 뜻하는 전칭은 기호 $\forall$로 나타내고 '어떤'을 뜻하는 한정은 기호 $\exists$로 나타낸다. 기호 $\forall$는 '모든'을 뜻하는 영어 'All'의 머리글자 A를 거꾸로 쓴 것이다. 또 기호 $\exists$는 '어떤 것이 존재한다'는 뜻의 영어 'Exist'의 머리글자 E를 거꾸로 쓴 것이다. 따라서 '모든'의 부정 $\sim\forall$은 '어떤'인 $\exists$이 되고, 마찬가지로 $\sim\exists$은 $\forall$이다.

X+Y=
명제 사이의 관계
= p가 화살표로 q를 찔렀을 때 벌어지는 일

생물분류(生物分類)는 생물의 종을 종류별로 묶고, 생물학적 형태에 따라 유기체를 계통화하는 방법이다. 현재 구분된 생물 종은 300만에서 1000만 종에 이른다. 각각의 종에는 학명(學名)이 부여되고, 학명 앞쪽에는 속명(俗名)을 부여하며, 속과는 관계가 극히 가까운 종을 집계한 것이다. 이것들을 분류해 그룹으로 나누어 분류명을 적는다. 이와 같은 분류는 한층 더 계층적으로 분화하여 여러 생물군 간의 관계나 나아가 진화의 계보를 분명히 하는 데 쓰인다.

지구상에 서식하고 있는 동물은 여러 종으로 분류된다. 사자와 같은 포유류(哺乳類, 젖먹이 동물)의 가장 큰 특징은 젖샘이 있어서 새끼에게 수유를 한다는 것이다. 포유류는 척삭동물문의 포유강에 속하는 동물을 통틀어 부르는 말이다.

그림1.
생물분류 계급의 주요 8개

생명
역
계
문
강
목
과
속
종

217

포유류 대부분은 몸에 털이 나 있으며, 털이 변형된 비늘이나 가시가 있는 것들도 있다. 뇌에서 체온과 혈액 순환을 조절하는 온혈동물이며, 생물 분류 방법에 따라 차이는 있지만, 29목 153과 1200속 약 5400종에 이르는 동물을 포함한다.

약 260종의 포유류를 포함하고 있는 식육목(食肉目)은 고양이과 동물처럼 완전히 육식인 경우가 많으나, 판다와 같이 거의 초식만 하는 동물도 있다. 또 개과의 동물은 대부분 잡식이다. 식육목 동물은 다른 동물을 잡아먹기에 알맞게 눈과 코 등의 감각 기관이 발달 되었으며, 지능이 높고 행동이 빠르다.

식육목에 속하는 고양이과 동물은 현재 39종이 있다. 고양이과 동물로는 고양이, 사자, 호랑이, 표범, 재규어, 치타, 스라소니, 삵, 퓨마 등이 있다. 다른 동물들이 가지고 있지 않은 고양이과만의 특징이 있는데 그것은 혀 표면에 가시돌기가 있다는 것이다.

한편, 식육목에 속하는 개과 동물에는 개, 늑대, 여우, 코요테, 자칼, 승냥이 등을 포함하는 육식 또는 잡식성의 동물이 있다. 이들은 모두 발가락으로 걷는 지행동물이다.

식육목에 속하는 고양이과 동물로는 고양이, 사자, 호랑이, 표범, 재규어, 치타, 스라소니, 삵, 퓨마 등이 있다.

Σ p를 가정, q를 결론

동물의 분류를 이용하여 명제 사이의 관계를 알아보자.

동물 전체의 집합을 U라 하고, 조건

$p : x$는 고양이과 동물이다.

의 진리집합을 P라 하고, 조건

| 그림2 |

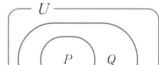

$q : x$는 식육목 동물이다.

의 진리집합을 Q라 하자.

이때 두 조건 p와 q로 이루어진 명제를 생각해 보자. 명제

'x가 고양이과 동물이면 x는 식육목 동물이다.'

는 참이다. 이 명제를 두 조건 p와 q에 대하여

'p이면 q이다.'

와 같이 나타낼 수 있으며 기호로

$p \rightarrow q$

와 같이 나타낸다. 이때 p를 **가정**, q를 **결론** 이라고 한다.

$$p \longrightarrow q$$

가정   결론

고양이과 동물은 식육목 동물에 포함되므로 위의 명제 $p \rightarrow q$는 참이다. 또 두 조건 p와 q의 진리집합을 각각 P와 Q라 했으므로

    P = {고양이, 사자, 호랑이, 표범, 재규어, 치타, …}

    Q = {개, 늑대, 고양이, 사자, 호랑이, 표범, 재규어, 치타, …}

이다. 즉, P는 고양이과 동물 전체의 집합이고 Q는 식육목 동물 전체의 집합이므로 P는 Q에 포함되는 부분집합이다. 이를 기호로 나타내면 $P \subset Q$이다.

그래서 명제

| 그림3. $p \rightarrow q$의 진리집합 |

$p \rightarrow q$

가 참이면 두 조건의 진리집합에 대하여

$P \subset Q$

이 성립한다.

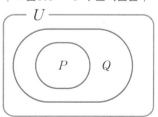

그런데 명제

　　$q \rightarrow p$: x가 식육목이면 x는 고양이과 동물이다.

는 거짓이다. 왜냐하면 식육목에는 고양이과 동물뿐만 아니라 개과 동물도 있기 때문이다. 즉 $Q \not\subset P$이다. 이와 같은 성질은 거꾸로도 성립한다.

Σ　p가 →로 q를 찔렀으므로, q에서 나는 피를 그릇으로 받는다

일반적으로 두 조건 p와 q의 진리집합을 각각 P와 Q라 할 때,

| 명제 사이의 관계 |

① 명제 $p \rightarrow q$가 참이면 $P \subset Q$이고, $P \subset Q$이면 명제 $p \rightarrow q$가 참이다.

② 명제 $p \rightarrow q$가 거짓이면 $P \not\subset Q$이고, $P \not\subset Q$이면 명제 $p \rightarrow q$가 거짓이다.

사실 어떤 명제가 참인지 거짓인지를 알아내는 가장 좋은 방법은 진리집합을 구하여 벤 다이어그램으로 나타내보는 것이다. 벤 다이어그램으로 나타냈을 때, 한 진리집합이 다른 진리집합에 포함된다면 그에 알맞은 명제는 참이다.

참고로 명제 $p \rightarrow q$의 진리집합 사이의 관계를 쉽게 암기하는 방법 중에 하나는(약간 기묘하기는 하지만), p가 중간에 화살표 → 로 q를 찔렀으므로 q에서 나는 피를 그릇으로 받는다고 생각하면 $P \subset Q$이다. 어쨌든, 자신만의 기억 방법을 동원하여 복잡하고 많은 공식을 암기하는 센스가 필요하다.

X+Y= 명제의 역과 대우

= 《돈키호테》식 난제를 해결할 묘수

《돈키호테》는 스페인 작가 세르반테스(Miguel de Cervantes, 1547~1616)의 소설이다. 《돈키호테》는 1605년 《라만차의 비범한 이달고 돈키호테(El ingenioso hidalgo Don Quixote de la Mancha)》라는 제목으로 발표되었고, 발표되자마자 큰 인기를 얻었다. 이 책이 어느 정도로 인기가 있었는지에 대한 에피소드가 있다. 어느 날 당시 스페인 국왕 펠리페 3세가 길가에서 책을 들고 울고 웃는 사람을 봤다. 국왕은 신하에게 "저자는 미친 게 아니라면 《돈키호테》를 읽고 있는 게 틀림없다"라 말했다고 한다. 세르반테스는 《돈키호테》의 큰 성공에 힘입어 1615년 《속편 : 라만차의 비범한 기사 돈키호테》를 발표했다.

돈키호테는 기사에 대한 소설을 너무 많이 읽어 점차 상상 속에 빠져들게 되며 마침내 자신이 기사라고 생각하게 된다. 그는 스스로 '돈키호테 데 라만차'라 칭하며 모험을 떠난다. 돈키호테는 전

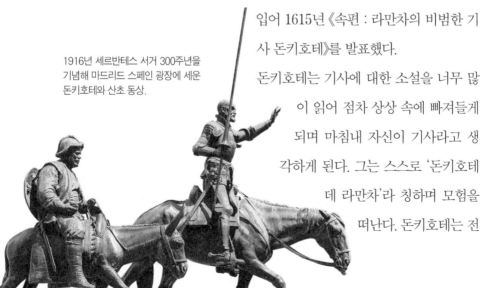

1916년 세르반테스 서거 300주년을 기념해 마드리드 스페인 광장에 세운 돈키호테와 산초 동상.

221

편에서 마을의 신부, 이발사, 여러 귀인과 청년, 처녀들과 함께 머무는 주막에서 모험을 펼치고, 후편에서는 바르셀로나로 갔다가 기사로 분장한 마을의 학사에게 패한 뒤 고향으로 돌아온다.

Σ 벌금을 받아야 할까, 받지 말아야 할까?

《돈키호테》에는 다음과 같은 흥미로운 이야기가 실려 있다. 어떤 곳에 한 영주가 있었다. 그의 영지는 한가운데로 강이 흐르고 있어서 둘로 나뉘어 있었다. 영주는 둘로 나뉜 영지를 연결하기 위해 그 강에 다리를 하나 놓았다. 어느 날 영주는 이런 명령을 내렸다.

"다리를 건너서 건너편으로 가려는 사람은 어디로 가며 무엇 때문에 가는지를 맹세와 함께 밝혀야 한다. 만약 그가 진실로 맹세하였다면 그냥 지나가도 되지만, 맹세가 거짓이라면 많은 벌금을 내야 한다."

명령과 엄한 처벌 내용이 알려졌지만 여전히 많은 사람이 다리를 건너다녔다. 주민들은 영주에 대한 맹세와 함께 충성과 아첨을 참말이라고 주장했기에 다리를 무사히 건너다녔다. 그런데 얼마 후 한 남자가 그 다리를 건너기 위해 왔다. 관리가 그에게 다리를 건너는 이유를 물었더니 그는 이렇게 말했다.

"나는 벌금을 내기 위하여 왔습니다."

과연 관리는 이 남자에게 벌금을 받아야 할까? 이 남자의 말이 사실이라면 진실을 말했으므로 다리를 무사히 건너야 하고, 벌금을 내지 말아야 한다. 그의 말이 거짓이라면 벌금을 내지 않아야 하지만 다리를 건너기 위해서 거짓을 말했으므로 벌금을 내야 한다. 어느 경우이든 벌금을 받아야 할지 받지 말아야 할지 알 수 없다. 이런 복잡한 문제를 해결하기 위하여 수학에서는 명제에 대

한 다양한 전개 방법을 알려준다. 물론 앞의 이야기는 역설이기에 논리적으로
증명할 수 없다.

Σ 명제의 참과 거짓을 판별하는 방법

이제 명제의 참과 거짓을 판별하기 위한 중요한 방법을 알아보자.

두 조건

$p : x$는 2의 배수이다. $q : x$는 4의 배수이다.

에 대하여 명제 $p \rightarrow q$는

'x는 2의 배수이면 x는 4의 배수이다.'

이다. 이 명제에서 p는 가정, q는 결론이다. 명제 $p \rightarrow q$에서 가정과 결론을 바
꾼 명제 $q \rightarrow p$를 '명제 $p \rightarrow q$의 **역(逆, converse)**'이라고 한다. 즉, '거꾸로'라
는 뜻이다. 따라서 원래 명제의 역 $q \rightarrow p$는 다음과 같다.

'x는 4의 배수이면 x는 2의 배수이다.'

한편 두 조건 p와 q의 부정 $\sim p$와 $\sim q$는 각각

$\sim p : x$는 2의 배수가 아니다.

$\sim q : x$는 4의 배수가 아니다.

이것을 이용하여 명제를 만들면

$\sim q \rightarrow \sim p : x$가 4의 배수가 아니면 x는 2의 배수가 아니다.

이다. 이것을 명제 $p \rightarrow q$의 **대우(對偶, contrapositive)** 라고 한다. 한자 '對偶'는
'둘을 서로 짝짓게 함'이라는 뜻이고, 영어에서 'contra'는 '반대'라는 뜻이고
'positive'는 '긍정'이라는 뜻이므로 contrapositive는 '반대로 된 긍정'이라는
뜻이라 할 수 있다. 즉, 원래 명제와 반대로 하여 참이 되게 하는 명제를 말한

다. 역과 대우 관계를 그림으로 나타내면 다음과 같다.

| 역과 대우 관계 |

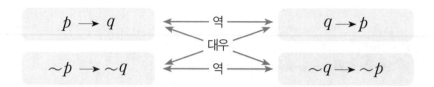

이제 명제와 그 명제의 대우 사이의 관계를 알아보자.

어떤 명제 $p \to q$ 가 참일 때, p 와 q 의 진리집합을 각각 P 와 Q 라고 하면

$$P \subset Q$$

이므로

$$Q^C \subset P^C$$

이다. 그런데 $\sim p$ 와 $\sim q$ 의 진리집합이 각각 P^C 와 Q^C 이므로

원래 명제 $p \to q$ 의 대우

$$\sim q \to \sim p$$

는 참이다. 역으로 $\sim q \to \sim p$ 가 참이면

$$Q^C \subset P^C$$

이므로

$$P \subset Q$$

이다. 따라서 명제

$$p \to q$$

는 참이다.

| 그림1 |

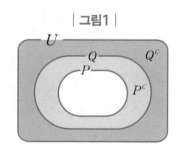

따라서 어떤 명제가 참이면 그 명제의 대우도 항상 참이다. 일반적으로 명제와
그 대우의 관계는 다음과 같다.

| 명제와 그 대우의 관계 |

① 명제 $p \rightarrow q$ 가 참이면 그 대우 $\sim q \rightarrow \sim p$ 도 참이다.

② 명제 $p \rightarrow q$ 가 거짓이면 그 대우 $\sim q \rightarrow \sim p$ 도 거짓이다.

수학에서 어떤 명제가 참인지 증명할 때, 직접 증명하기 어려운 경우에 그 명제의 대우가 참임을 증명하는 경우가 많이 있다. 따라서 주어진 명제를 대우로 바꾸는 연습을 많이 해야 한다. 특히 수학능력시험에 자주 출제되는 증명 문제에서 대우를 활용하는 경우가 많으므로 명제를 대우로 바꾸는 방법을 잘 기억해야 한다.

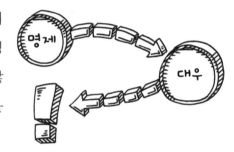

X+Y=
필요조건과 충분조건
= 소크라테스가 죽을 수밖에 없었던 이유

서양 철학의 시조라고 할 수 있는 소크라테스(Socrates, BC 470~399)는 기원전 470년 고대 그리스 아테네에서 태어나 일생을 철학 문제에 몰두했다. 그는 '청년을 부패시키고 국가의 여러 신을 믿는 자'로 기소당했고, 배심원들의 투표 결과 사형이 선고 되었다. 결국 기원전 399년에 71세의 나이로 사약을 마시고 사망했다.

그의 제자들은 그에게 도망가라고 권했으나 그는 도망가지 않고 독배를 마셨다. 소크라테스는 "악법도 법이다"라는 말을 남기고 죽음을 받아들였다고 전해지나, 실제로 이 말을 그가 했다는 증거는 없다.

플라톤(Plato, BC 427~347)은 20대 시절, 스승 소크라테스가 민주적인 방법으로 끝내 사형당하는 것을 보고 크게 분개했다. 이 사건은 그가 귀족주의(철인정치)를 지지하는 큰 계기가 되었다. 하지만 플라톤의 제자인 아리스토텔레스(Aristoteles, BC 384~322)는 민주주의를 지지했다.

논리학 분야에서 소크라테스는 큰 공헌을 했다. 특히 그는 산파술로 유명하다. 소크라테스는 다양한 사람과 토론했는데, 제자들이 던진 질문에 즉각적인 답을 주는 것보단 거꾸로 질문을 던지는 것을 좋아했다. 소크라테스는 자신의 의

견이 무지로부터 나오는 것이거나 그와 비슷한 단편적인 지식에 의한 것이라는 사실을 알았다. 그는 자신이 질문에서 확신할 수 없는 것에 대해 끝없이 질문했으며, 이러한 변증의 과정을 통해 진리에 가까워지려고 노력했다. 이처럼 질문으로 진리를 찾는 방법을 산파술이라고 한다.

소크라테스는 산파술로 진리를 탐구하였기에 여러 일화를 남겼다. 그래서 소크라테스가 들어가는 다음과 같은 논리적 추론이 있다.

| 삼단논법 |

| 사람은 모두 죽는다. | ➡ | 소크라테스는 사람이다. | ➡ | 따라서 소크라테스는 죽는다. |

흔히 이를 삼단논법이라고 하며, 조건 p와 q에 의한 명제 $p \to q$로 표현할 수 있다.

Σ 필요충분조건

앞에서 우리는 명제 $p \to q$에 대하여 알아봤다. 이때 명제 $p \to q$가 참일 경우가 있고, 거짓일 경우가 있다. 사실 수학에서 거짓인 명제를 다룰 필요가 없기에 참인 명제만 중요하다. 그래서 명제 $p \to q$가 참일 때, 이것을 기호로

$$p \Rightarrow q$$

와 같이 나타낸다. 이때 p는 q이기 위한 **충분조건**, q는 p이기 위한 **필요조건** 이라고 한다.

또 명제 $p \rightarrow q$에 대하여 $p \Rightarrow q$이고 $q \Rightarrow p$일 때, 이것을 기호로

$$p \Leftrightarrow q$$

와 같이 나타낸다. 이때 p는 q이기 위한 **필요충분조건** 이라고 한다. 물론 이때는 q도 p이기 위한 필요충분조건이다.

충분조건과 필요조건에 대한 진리집합을 그림으로 나타내면 〈그림1〉과 같다.

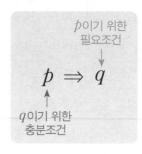

| 그림1. $p \rightarrow q$의 진리집합 |

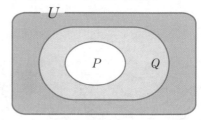

즉, $p \Rightarrow q$이면 진리집합의 포함 관계는 $P \subset Q$이다. 또 $p \Leftrightarrow q$이면 $P \subset Q$이 고 $Q \subset P$이므로 $P = Q$이다.

$\sum$ $p \rightarrow q$의 진리집합

그런데 실생활에서는 충분조건과 필요조건을 수학에서 사용하는 개념과는 약간 다르게 사용하는 경우가 있다. 물론 이것은 충분조건과 필요조건의 정확한 뜻을 이해하지 못했기 때문이다. 명제 $p \rightarrow q$가 참일 때, $p \Rightarrow q$이고 p는 q이기 위한 충분조건이다. 이때 두 조건의 진리집합을 생각하자.

명제 $p \rightarrow q$가 참이면 두 조건의 진리집합에 대하여 $P \subset Q$이 성립함을 앞에서 알아봤다. 이를 벤 다이어그램으로 나타내면 〈그림1〉과 같다. 집합의 포함 관계를 보면 조건 p의 진리집합 P가 조건 q의 진리집합 Q의 부분집합임을 알수 있다. 즉, 집합 Q가 집합 P보다 크다.

진리집합이 크다는 것은 조건이 훨씬 넓은 범위를 포함한다는 뜻이므로 조건 q가 조건 p보다 더 많은 경우를 포함한다. 즉, 조건 q안에 조건 p가 들어 있다는 뜻이다. 따라서 조건 p는 조건 q가 되기에 충분한 조건을 갖추고 있다.

한편, $p \Rightarrow q$는 명제 $p \rightarrow q$가 참인 경우인데, 조건 q가 더 넓은 범위이므로 조건 q는 조건 p가 성립하는 데 필요하다. 조건 q가 성립한다고 해서 조건 p가 성립하는 데 충분하지는 않고 더 많은 어떤 제약조건이 있어야 p가 성립한

| 그림2. $p \rightarrow q$의 진리집합 |

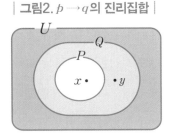

다. 즉, q는 p가 되기에 아직은 충분하지 않은 조건이다. 이를테면 〈그림2〉에서 x는 조건 p를 만족하므로 x가 조건 q를 만족하기에 충분한 조건을 가지고 있다. 하지만 y는 조건 q를 만족하지만 조건 p를 만족하기에는 아직 더 필요한 조건이 있어야 한다.

구체적으로 전체집합이 자연수인 경우에 명제

　　'x는 4의 배수이다. $\Rightarrow$ x는 2의 배수이다.'

를 예로 들어보자.

이를 기호로 나타내면 $p \Rightarrow q$이고 진리집합은 다음과 같다.

　　$P = \{4, 8, 12, 16, \cdots \}$, $Q = \{2, 4, 6, 8, 10, 12, 14, 16, \cdots \}$

〈그림3〉 벤 다이어그램에서 볼 수 있듯이 Q의 원소 중에서 2, 6, 10, 14 등은 P의 원소가 아니다. Q의 원소 중에서 필요한 몇 가지 조건을 추가해야 조건이 강화된 p가 되고 진리집합 P를 얻게 된다. 또 P의 원소는 Q의 원소가 되기

| 그림3 |

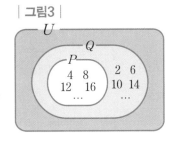

에 이미 충분한 조건을 갖추고 있으므로 더 이상의 조건은 필요 없다. 따라서 조건 p는 조건 q의 충분조건이고, 조건 q는 조건 p의 필요조건이다.

한편,

'x는 짝수이다. $\Rightarrow x$는 2의 배수이다.'

에서 짝수는 2의 배수이므로 두 조건의 진리집합은 같다.

지금까지 알아본 것을 정리해보자. 충분조건, 필요조건, 필요충분조건은 조건의 진리집합을 구하여 그들의 포함 관계를 살펴보면 알 수 있다. 단순히 주어진 문장이나 식으로 판단하기보다는 정확한 진리집합을 구한 후에 판단하는 것이 현명하다. 명제는 단어 하나 또는 조사 하나에 따라 뜻이 완전히 달라지는 경우가 허다하므로 반드시 진리집합을 먼저 생각해야 한다.

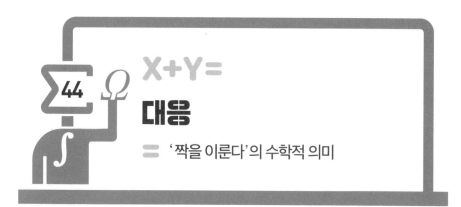

44 대응

X+Y=

≡ '짝을 이룬다'의 수학적 의미

컴퓨터가 없으면 큰일 나는 세상이 되었다. 회사에서뿐만 아니라 가정에서도 컴퓨터는 냉장고, 텔레비전보다 더 중요한 생활 필수품이 되었다. 컴퓨터를 이용하여 각종 자료를 검색하거나 다른 사람과 소통하기 위해서는 원하는 정보를 입력해야 한다. 이때 우리는 컴퓨터 키보드를 사용한다. 키보드는 한글, 알파벳, 숫자, 특수 기호 등 여러 가지 문자를 입력할 수 있도록 만든 장치다. 키보드 각각의 키에는 그 키를 눌렀을 때 입력되는 여러 문자가 적혀있다. 입력해야 할 문자의 수보다 키의 개수가 적으므로 하나의 키에는 보통 두 개 이상의 문자가 적혀있다. 하지만 기능키가 있어서 각각의 키에 적혀있는 문자는 사실 한 가지라고 할 수 있다.

예를 들어 한글로 '수학'을 입력하려면 '수학'을 자음과 모음으로 분리하여 'ㅅ ㅜ ㅎ ㅏ ㄱ'에 해당하는 키를 하나씩 누르면 된다. 또 영어 'math'를 입력하려면 한글을 영어로 바꾸는 [한/영] 키를 누른 후에 차례로 'm a t h'에 해당하는 키를 하나씩 누르면 된다. 즉, 키 하나에 문자 하나씩이 짝을 이루게 된다. 여기서 '짝을 이루게 되는'이라는 말의 수학

적 의미를 좀 더 자세히 알아보자.

Σ 수학은 '관계'가 늘 궁금해

앞에서 우리는 집합과 집합 사이의 포함 관계에 대하여 알아봤다. 하지만 두 집합에 대하여 그들 사이에 어떤 관계가 있는지, 또 두 집합의 원소들 사이에 어떤 관계가 있는지는 알아보지 않았다. 수학은 늘 수학적인 뭔가가 만들어지면 그들 사이의 관계에 관심을 갖는다.

컴퓨터 키보드에서 'ㄱ ㄴ ㄷ ㄹ'과 알파벳 'r s e f a'에 대하여 두 집합을 각각

$$X = \{ㄱ, ㄴ, ㄷ, ㄹ\}, \ Y = \{a, e, f, r, s\}$$

라 하자.

같은 키에 적혀있는 한글과 알파벳을 서로 짝지어 화살표로 나타내면 〈그림1〉과 같다. 이와 같이 집합 X의 원소에 집합 Y의 원소를 짝지은 것을 집합 X에서 집합 Y로의 **대응** 이라고 한다. 이때 집합 X의 원소 x에 집합 Y의 원소 y가 짝지어지면 x에 y가 대응한다고 하며, 이것을 기호로 $x \rightarrow y$와 같이 나타낸다. 이를테면 〈그림1〉에

| 그림1 |

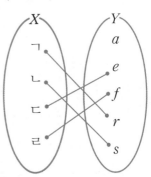

서 대응 관계를 다음과 같이 나타낼 수 있다.

$$ㄱ \rightarrow r, \ ㄴ \rightarrow s, \ ㄷ \rightarrow e, \ ㄹ \rightarrow f$$

대응은 한자 '對應'의 음역으로 '對'는 '마주서다', '應'은 '응하다'라는 뜻이 있으므로 대응은 단어 그대로 '마주서서 응하다'를 의미한다. 수학에서 어느 두 개가 서로

짝이 되어 상대하는 경우가 바로 이 '대응'이라는 용어에 해당한다.

Σ 대응의 4가지

대응에는 크게 네 가지가 있다. 하나씩 알아보자.

① 일대일 대응

일대일 대응은 〈그림2〉와 같이 X의 원소 하나에 Y의 원소 하나가 대응하는 경우다. 일대일 대응에서는 하나에 꼭 하나씩 모두 대응되어야 하므로 X의 원소의 개수와 Y의 원소의 개수가 같아야 한다.

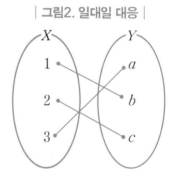

| 그림2. 일대일 대응 |

② 일대다 대응

일대다 대응은 X의 원소 하나에 Y의 원소 여러 개가 대응될 수 있는 경우다. 〈그림3〉에서 X의 원소 1에 Y의 원소 a, b, c의 여러 개가 대응되고, 3에 c, d가 대응된다. 따라서 일대다 대응은 하나에 여러 개가 대응되는 경우를 말한다.

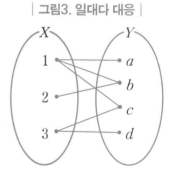

| 그림3. 일대다 대응 |

③ 다대일 대응

다대일 대응은 X의 원소 여러 개가 Y의 원소 하나와 대응하는 경우다. 〈그림4〉에서 X의 원소 1과 2가 Y의 하나의 원소 a에 대응된다. 그림에서 보듯이 Y의 원소 중에는 X의 원소와 대응되지 않는 경우도 있을 수 있는데, 이런 경우는 다대일 대응뿐만 아니라 일대일 대응을 제외하고 다른 모든 대응에서 가능하다.

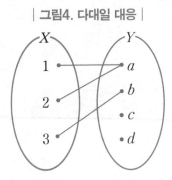

| 그림4. 다대일 대응 |

④ 다대다 대응

다대다 대응은 X의 원소 여러 개가 Y의 원소 여러 개와 대응되는 경우다. 〈그림5〉에서 X의 원소 1과 2는 각각 Y의 원소 a, b와 a, c에 대응된다. 또 Y의 원소 a는 X의 원소 1, 2에 대응한다. 이처럼 여러 개가 여러 개에 대응되는 경우가 다대다 대응이다.

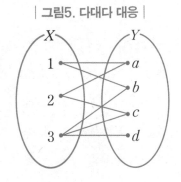

| 그림5. 다대다 대응 |

그런데 위의 네 가지 대응 중에서 수학적으로 의미가 있는 것과 그렇지 않은 것이 있다. 위의 네 가지 대응 중에서 수학적으로 의미가 있는 대응은 무엇인지 다음 단원에서 알아보자.

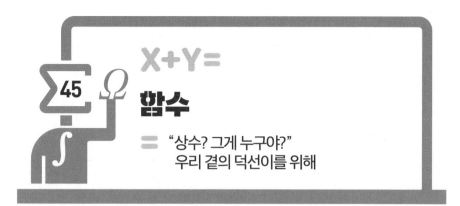

요즘 짝이 없는 남녀가 출연하여 서로 마음에 드는 상대를 지목하여 커플이 되는 TV 프로그램이 인기를 끌고 있다. 이 프로그램에서 남녀가 서로를 선택해 커플이 되기도 하지만, 엇갈린 선택으로 커플이 되지 않는 경우가 더 많다.

다음은 커플을 정하는 프로그램에 남녀 각각 세 명씩 출연했을 때, 세 차례에 걸쳐 여성 출연자의 집합 X에서 각각의 여성이 선택한 남성 출연자의 집합 Y로의 대응을 나타낸 것이다.

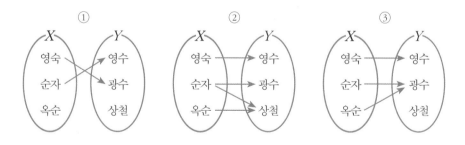

여성이 남성을 선택할 때는 다음 두 가지 규칙을 지켜야 한다고 하자.

| 규칙 1 | 모든 여성은 남성을 선택해야 한다.
| 규칙 2 | 한 여성이 두 명 이상의 남성을 선택할 수 없다.

이때 〈규칙 1〉을 만족시키는 대응은 ②와 ③이
고, 〈규칙 2〉를 만족시키는 대응은 ①과 ③이
다. 따라서 〈규칙 1〉과 〈규칙 2〉를 모두 만족시
키는 대응은 ③뿐이다. 즉, 대응 ③은 집합 X의
각 원소에 집합 Y의 원소가 오직 하나씩만 대
응한다.

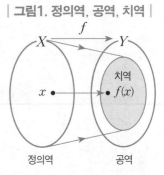

| 그림1. 정의역, 공역, 치역 |

이와 같이 공집합이 아닌 두 집합 X와 Y에 대하여 집합 X의 각 원소에 집합
Y의 원소가 오직 하나씩만 대응할 때, 이 대응을 집합 X에서 집합 Y로의 **함수**
라고 하며, 이것을 기호로

$$f : X \longrightarrow Y$$

와 같이 나타낸다. 이때 집합 X를 함수 f의 **정의역**, 집합 Y를 함수 f의
공역 이라고 한다. 또, 함수 f에 의하여 정의역 X의 각 원소 x에 공역 Y의 원
소 y가 대응할 때, 이것을 기호로

$$y = f(x)$$

와 같이 나타내고, $f(x)$를 함수 f에 의한 x의 함숫값이라고 한다. 그리고
함수 f의 함숫값 전체로 이루어진 집합

$$f(X) = \{ f(x) \,|\, x \in X \}$$

를 함수 f의 **치역** 이라고 한다.

Σ $y = f(x)$, 상자 f에 x를 넣으면 x가 y로 바뀌어 나오는 것

함수에 대한 개념을 명확히 하기 위하여 함수와 관련된 용어를 하나씩 살
펴보자. 우선 함수는 한자 '函數'의 음역이고, 영어로는 'function'이라고 한

다. 그래서 함수를 나타낼 때 항상 영어의 머리글자인 f를 사용한다. 사실 함수는 영어 'function'을 중국어로 말했을 때의 발음과 같다. 함수에서 '函'은 '상자에 넣다'는 뜻이므로 함수는 상자에 수를 넣어 새로운 수가 되게 하는 것을 뜻한다. 즉, 〈그림2〉처럼 상자 f에 x를 넣으면 상자 안에서 적당한 기능에 의하여 x가 y로 바뀌어 나오는 것을 $y = f(x)$로 나타내는 것이다.

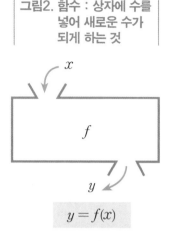

그림2. 함수 : 상자에 수를 넣어 새로운 수가 되게 하는 것

$$y = f(x)$$

함수의 정의역은 정의구역을 간단히 한 것으로 '정의된 구역'을 줄인 말이다. 특히 정의역은 영어로 'domain'이라고 하는데, 'domain'은 집(house)을 의미하는 라틴어 'domus'에서 온 것이다. 따라서 정의역은 '변수 x가 정의된 영역'이라는 뜻이다.

공역은 공변역을 줄인 말이다. 공변역은 한자 '共變域'의 음역이다. 여기서 '共'은 '함께'라는 뜻이고, '變域'은 '변할 수 있는 값의 구역'이라는 뜻이다. 영어로 공역을 'codomain'이라 하는데, 'co'는 '함께'란 뜻이므로 영어로도 공역은 'x가 변하는 구역에 따라 함께 변하는 구역'이란 뜻이다.

마지막으로 치역은 한자 '値域'의 음역이다. '値'는 '값'을 뜻하는데, 여기서는 함숫값을 뜻한다. 이를테면 $x = 2$일 때 $y = f(2) = 3$이라면 $x = 2$에서 함숫값은 3이다. 즉, 함숫값은 '함수의 값'을 줄인 말이다. 마찬가지고 '域'은 '구역, 영역, 범위' 등을 의미하므로 치역은 '함숫값 전체의 영역'이라는 뜻이다. 치역을 영어로 'range'라고 하는데, 이것도 '범위, 구역'을 뜻한다.

그런데 공역과 치역을 헷갈릴 수 있다. 정리하자면 함수 $f : X \to Y$에 대하여 정의역은 X이고, X와 함께 변하는 공역은 Y이다. 이때 치역은 함숫값만 모아 놓은 것으로 Y의 부분집합이며 집합으로 나타내면 $f(X)$이다. 이때 $f(X) \subset Y$ 이다.

예를 들어보자. 다음 대응 중에서 함수인 것을 찾아보자.

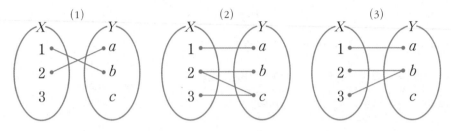

(1)은 X의 원소 3에 대응하는 Y의 원소가 없으므로 함수가 아니다.

(2)는 X의 원소 2에 대응하는 Y의 원소가 b와 c 두 개이므로 X의 원소 하나에 오직 하나의 Y의 원소가 대응된다는 함수의 정의에 어긋난다. 따라서 함수가 아니다.

(3)은 X의 각 원소에 Y의 원소가 오직 하나씩만 대응되므로 함수다. 이때 이 함수의 정의역은 $X = \{1, 2, 3\}$이고 공역은 $Y = \{a, b, c\}$이다. 또 함숫값은 $f(1) = a$, $f(2) = b$, $f(3) = b$ 이므로 치역은 $f(X) = \{a, b\}$이다. 즉, $f(X) \subset Y$이다.

그림에서 알 수 있듯이 공역 Y의 원소 중에는 정의역 X의 원소와 대응되지 않는 것이 있어도 되지만, 정의역 X의 원소 중에 공역 Y의 원소와 대응되지 않는 것이 있으면 함수가 아니다. 사실 앞에서 알아본 네 가지 대응인 일대일 대응, 일대다 대응, 다대일 대응, 다대다 대응 중에서 함수가 되는 경우는 일대일 대응과 다대일 대응뿐이다.

한편, 함수 $y = f(x)$의 정의역과 공역이 같은 두 함수 $f : X \to Y$와 $g : X \to Y$가 정의역 X의 모든 원소 x에 대하여 $f(x) = g(x)$일 때, 두 함수 f와 g는 **서로 같다**고 하며, 기호로

$$f = g$$

와 같이 나타낸다.

어떤 집합의 임의의 원소를 나타내는 문자를 변수 라고 한다. 또 어떤 집합의 고정된 원소를 나타내는 문자 또는 수를 상수 라고 한다. 따라서 함수 $y = f(x)$가 주어졌을 때, 문자 x는 정의역 X의 임의의 원소를 나타내는 변수다. 이때 x는 정의역 X의 임의의 원소를 나타내므로 이를 독립변수 라고 부른다. 한편 $f(x)$는 x의 값에 따라 정해지는 함숫값을 나타내는 기호다. 따라서 $y = f(x)$로 놓으면 y는 x의 값에 따라 정해지는 공역 Y의 임의의 원소다. 이런 이유로 y를 종속변수 라고 한다.

사실 수학에서는 어떤 수학적 내용을 복잡하고 길게 설명하는 것을 피하려고 수학 용어를 많이 사용한다. 그리고 이 용어 각각에는 중요한 개념이 포함되어 있다. 따라서 수학 용어의 뜻을 이해하는 것이 그 용어에 해당하는 수학 내용을 이해하는 지름길이다.

– 드라마 〈응답하라 1988〉 중에서

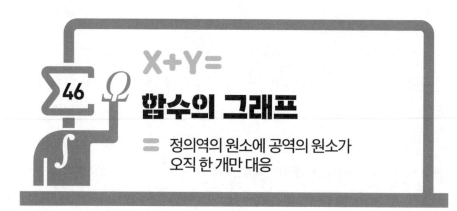

X+Y=
함수의 그래프

= 정의역의 원소에 공역의 원소가 오직 한 개만 대응

요즘 사람들에게 스마트폰은 거의 신체의 일부와 같다. 스마트폰에 다양한 기능이 있지만 아직까지 혈압이나 심장이 뛰는 것, 잠을 자는 동안의 변화와 같이 신체에 직접 접촉해야 하는 것들에 대한 정보는 웨어러블 디바이스(wearable device)에 의존한다. 웨어러블 디바이스는 신체에 부착해 컴퓨팅 행위를 할 수 있는 모든 전자기기와 일부 컴퓨팅 기능을 수행할 수 있는 애플리케이션까지 포함한다. 웨어러블 디바이스는 사용자가 이동 또는 활동 중에도 자유롭게 사용할 수 있도록 작고 가볍게 개발되어 신체의 가장 가까운 곳에서 사용자와 소통 가능한 차세대 전자기기 모두를 의미한다.

다양한 영역에서 정보통신(ICT) 기술을 활용함에 따라 웨어러블 디바이스를 운동, 건강 관리, 의료, 군사 등의 목적으로 사용하고 있다. 특히 건강 관리, 치료 목적의 웨어러블 기기의 관심이 증가하여 관련 시장이 급격히 성장하고 있다. 이에 따라 기존에 시계 형태로 출시되던 것이 요즘은 반지같이 작은 형태로 변화하고 있다.

〈그림1〉은 스마트 워치로 측정한 심장박동을 나타낸 그림이다. 〈그림1〉과 같이 여러 가지 상황 또는 자료를 분석하여 그 변화나 상태를 한눈에 알아

| 그림1. 스마트워치로 측정한 심장 박동 |

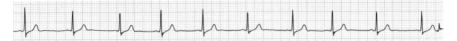

볼 수 있도록 좌표평면 위에 나타낸 점이나 직선 또는 곡선 등을 **그래프** 라고

한다. 그래프를 뜻하는 영어 'graph'는 '새기다, 긁다'를 의미하는 그리스어

'graphein'에서 온 것이다.

Σ 직선 $x = a$와 오직 한 점에서만 만날 때 함수의 그래프

함수의 그래프를 수학적으로 엄밀하게 정의하자.

함수 $f : X \rightarrow Y$에 대하여 정의역 X

의 원소 x와 이에 대응하는 함숫값

$f(x)$의 순서쌍 $(x, f(x))$ 전체의 집합

$$G = \{(x, f(x)) \mid x \in X\}$$

를 함수 f의 그래프라고 한다.

함수의 정의를 정확히 이해하는 것과

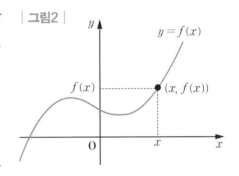

| 그림2 |

함수의 그래프에 대한 문제는 심심찮게 수학능력시험에 출제된다. 따라서 개

념을 정확히 파악하고 있어야 한다.

예를 들어 다음과 같이 벤 다이어그램으로 표현된 함수의 그래프를 그려보자.

| 그림3 |

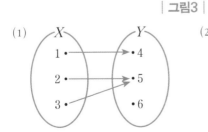

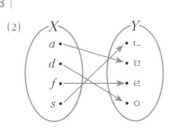

241

(1)의 경우, 정의역 X의 원소 x와 이에 대응하는 함숫값 $f(x)$의 순서쌍 $(x, f(x))$ 전체의 집합은 $\{(1, 4), (2, 5), (3, 5)\}$이다. 따라서 이 점들을 좌표평면 위에 나타내면 〈그림4〉 왼쪽 그래프가 된다.

(2)의 경우, 정의역 X의 원소 x와 이에 대응하는 함숫값 $f(x)$의 순서쌍 $(x, f(x))$ 전체의 집합은 $\{(a, ㅁ), (d, ㅇ), (f, ㄹ), (s, ㄴ)\}$이다. 따라서 이 점들을 좌표평면 위에 나타내면 〈그림4〉 오른쪽 그래프가 된다.

| 그림4 |

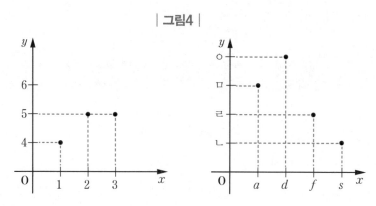

Σ 함수의 그래프 판별하기

함수의 그래프에서 주의해야 할 것이 있다. 공집합이 아닌 두 집합 X와 Y에 대하여 집합 X의 각 원소에 집합 Y의 원소가 오직 하나씩만 대응할 때 함수라고 정의했다. 이 정의에 따르면 정의역의 원소에 공역의 원소는 두 개 이상 대응하지 않으므로 함수의 그래프는 정의역의 각 원소 a에 대하여 직선 $x = a$와 오직 한 점에서만 만난다.

〈그림5〉를 살펴보자. 왼쪽 그래프를 살펴보면 $x = 3$일 때 $y = 1$이기도 하고 $y = 3$이기도 하다. 벤 다이어그램으로 나타내면 오른쪽 그림과 같이 x의 한 값에 y값이 오직 하나만 대응하지 않는다. 따라서 이것은 함수의 그래프가 아니다.

| 그림5 |

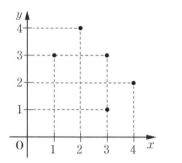 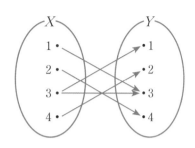

〈그림6〉의 그래프들은 모두 하나의 x값에 여러 개의 y값이 대응되므로 함수 그래프가 아닌 예다. 왼쪽 그래프는 원이고, 오른쪽은 포물선이다. 이런 경우의 그래프를 함수의 그래프라 하지 않고 방정식의 그래프라 한다.

| 그림6 |

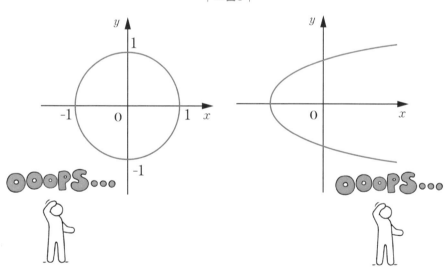

거꾸로 말하면, 정의역의 원소에 공역의 원소는 두 개 이상 대응되지 않으므로 함수의 그래프는 〈그림7〉 왼쪽과 같이 정의역의 각 원소 a에 대하여 직선 $x = a$와 오직 한 점에서 만난다. 또 〈그림7〉 오른쪽 그래프는 〈그림6〉 오른쪽 그래프와 비슷한 포물선이다. 하지만 〈그림6〉의 포물선은 함수의 그래프가 아

니지만 〈그림7〉의 포물선은 함수의 그래프다.

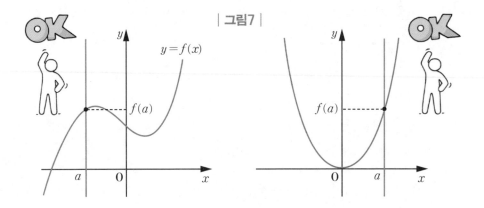

| 그림7 |

여러분이 시험에서 그래프를 보고 함수의 그래프인지 아닌지를 판별해야 할 때, y축과 평행한 직선 즉, $x = a$를 그었을 때 이 직선이 그래프와 두 점 이상에서 만나면 함수의 그래프가 아님을 이해해야 한다. 이는 결국 함수의 개념을 정확히 이해하고 있는지를 묻는 문제다.

X+Y=

47 일대일 함수와 일대일 대응

= 일대일 대응 ⊂ 일대일 함수

예전에 우리나라에서는 남녀가 쌍을 이루어 추는 볼룸댄스를 퇴폐적인 유흥으로 여겼으나 오늘날에는 많은 사람이 즐기는 스포츠로 인정하고 있다. 볼룸댄스는 목적과 기능에 따라 사교댄스, 시험댄스, 시범댄스, 경기댄스로 구분한다. 사교댄스는 누구나 초보적인 기법으로 음악과 더불어 즐기는 오락적인 춤으로 블루스, 지르박, 왈츠, 탱고 등 여러 가지가 있다. 시험댄스는 지도자 자격증을 취득하기 위해 엄격한 심사기준을 통과해야 하는 규정된 춤이다. 시범댄스는 고도화된 기법과 아름다운 자태로 대중이 감상할 수 있도록 추는 춤이다. 경기댄스는 말 그대로 경기를 위한 춤이다.

사교댄스는 기술 습득과 운동량 면에서 스포츠로서 가치가 인정되어 1988년 경기용 댄스를 '댄스스포츠'로 명칭을 변경하며, 스포츠의 한 종목이 되었다. 이에 따

사교댄스 가운데 하나인 왈츠는 4분의 3박자의 경쾌한 음악에 맞춰 남녀가 한 쌍이 되어 원을 그리며 추는 춤이다.

245

라 학교를 비롯한 여러 단체에서 댄스스포츠 동호회가 많이 만들어졌다.
예를 들어, 댄스스포츠 동아리에서 남성과 여성이 한 명씩 짝을 정하려고 한다
고 가정하자. 남성의 집합을 정의역 X, 여성의 집합을 공역 Y로 생각하자. 각
남성에 여성을 한 명씩 대응시키면 이 대응은 항상 함수가 되지만, 다음과 같
은 이유로 남녀가 한 명씩 짝지어지지 않을 수도 있다.

㉮ 어떤 여성은 두 명 이상의 남성과 짝이 될 수 있다.
㉯ 어떤 여성은 짝이 없을 수도 있다.

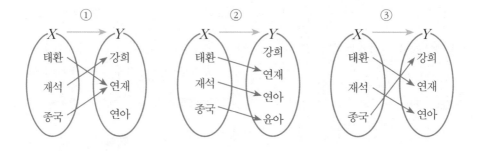

위 그림 중에서 ㉮와 ㉯의 경우를 벤 다이어그램으로 나타낸
것은 ①이다. 연재는 태환, 종국과 짝이 되었고 연아는
짝이 없다. 하지만 정의역 X의 모든 원소가 공역 Y
의 원소와 하나씩 대응되므로 이 경우는 함수다. 이
함수의 치역은 {강희, 연재}다. 이 경우는 함수이기
는 하지만, 정의역 X의 서로 다른 원소에 공역 Y
의 서로 다른 원소가 대응하지 않는다. 즉, 정의
역의 원소인 태환과 종국이 모두 공역의 같
은 원소 연재에 대응한다.

Σ **함수의 종류**

정의역의 원소 여러 개가 공역의 원소 하나에 대응하는 대표적인 함수는 상수함수다. 〈그림1〉의 함수 f는 정의역 X의 모든 원소 x에 공역 Y의 단 하나의 원소 6이 대응한다. 이와 같이 함수 $f : X \rightarrow Y$에서 정의역의 모든 원소 x에 대하여

$$f(x) = c\,(c는 상수)$$

인 함수를 **상수함수** 라고 한다. 따라서 상수함수의 치역 원소는 하나이고, 그래프는 모든 원소 x가 단 하나의 값 c에 대응하므로 〈그림2〉와 같이 x축에 평행인 직선이다.

| 그림1. $f : X \rightarrow Y$ | | 그림2. 상수함수 그래프 |

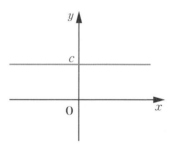

반면에, 댄스스포츠 동아리에서 파트너를 정하는 앞의 집합 X에서 집합 Y로의 함수 ②와 ③은 정의역 X의 서로 다른 원소에 공역 Y의 서로 다른 원소가 대응한다. 즉, 정의역의 원소가 다르면 공역의 원소도 모두 다르다. 이와 같이 함수 $f : X \rightarrow Y$에서 정의역 X의 임의의 두 원소 x_1과 x_2에 대하여

$$x_1 \neq x_2이면 f(x_1) \neq f(x_2)$$

가 성립할 때, 이 함수 f를 **일대일 함수** 라고 한다. 여기서 '$x_1 \neq x_2$이면 $f(x_1) \neq f(x_2)$'의 대우를 취하면

247

$$f(x_1) = f(x_2) \text{이면 } x_1 = x_2$$

이고, 이것이 성립해도 함수 f는 일대일 함수다.

그런데 ②와 ③은 둘 다 일대일 함수이지만 약간의 차이가 있다. ②는 공역에 짝지어지지 않고 남는 원소가 있으므로 공역과 치역이 같지 않다. 하지만 ③은 모두 짝지어져 남은 원소가 없으므로 공역과 치역이 같다. 이와 같이 일대일 함수 중에서 공역 Y의 모든 원소가 대응하여 치역과 공역이 일치하는 함수를 **일대일 대응** 이라고 한다. 결국 일대일 대응이 되려면 우선 일대일 함수가 되어야 한다. 따라서 일대일 대응인 함수 $f : X \rightarrow Y$는 다음 두 조건을 모두 만족시킨다.

| 일대일 대응의 조건 |

- $f : X \rightarrow Y$는 일대일 함수다.
- 치역과 공역이 같다. 즉, $f(X) = Y$

Σ 일대일 대응과 일대일 함수의 관계

일대일 대응의 가장 대표적인 함수는 항등함수다. 〈그림3〉의 함수 f는 정의역과 공역이 같고, 정의역 X의 임의의 원소 x에 그 자신인 공역 X의 원소 x가 대응한다. 이와 같이 함수 $f : X \rightarrow X$에서 정의역 X의 임의의 원소 x에 대하여

$$f(x) = x$$

인 함수를 집합 X에서의 **항등함수** 라고 한다. 항등함수의 그래프는 정의역의 각 원소 x가 그 자신인 x에 대응하므로 〈그림3〉과 같이 $y = x$인 직선이다.

한편, 일대일 함수와 일대일 대응 사이의 관계를 앞에서 배운 충분조건과 필요조건으로 나타내면

　　p : f는 일대일 대응이다.

　　q : f는 일대일 함수다.

일 때, $p \rightarrow q$가 참이므로 $p \Rightarrow q$로 나타낼 수 있고, p는 q이기 위한 충분조건이고 q는 p이기 위한 필요조건이다. 그러나 $q \rightarrow p$는 일대일 함수 중에는 일대일 대응이 아닌 것이 있으므로 거짓인 명제다. 따라서 $q \not\Rightarrow p$이다.

지금까지 알아본 것에 따르면 일대일

| 그림3. 항등함수 그래프 |

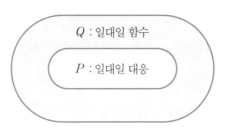

| 그림4. 일대일 함수와 일대일 대응의 관계 |

Q : 일대일 함수

P : 일대일 대응

함수와 일대일 대응은 마지막에 '함수'인가 '대응'인가에 따라 성격이 다름을 알 수 있다. 따라서 일대일 함수와 일대일 대응을 잘 구별해야 한다. 다시 말하면 일대일 함수 중에서는 일대일 대응이 아닌 것이 있을 수 있으나, 일대일 대응은 모두 일대일 함수다. 이처럼 수학에서 글자 하나 차이로 개념이 전혀 다른 것이 있으므로 정확한 이해가 필요하다.

48 X+Y=
합성함수
= 두 함수를 합쳐 만든 새로운 함수

별자리는 천구(天球)의 밝은 별을 중심으로 지구에서 보이는 모습에 따라 선을 이어서 어떤 사물을 연상하도록 이름을 붙인 것이다. 별자리는 보통 비슷한 방향에 놓이지만, 실제로 같은 별자리에 속한 별들이 반드시 3차원상으로 가까운 위치에 있는 건 아니다. 별자리는 문화권별로 다르고 시대마다 달라지기도 했다.

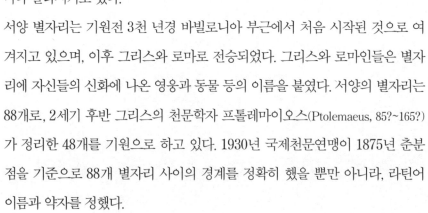

서양 별자리는 기원전 3천 년경 바빌로니아 부근에서 처음 시작된 것으로 여겨지고 있으며, 이후 그리스와 로마로 전승되었다. 그리스와 로마인들은 별자리에 자신들의 신화에 나온 영웅과 동물 등의 이름을 붙였다. 서양의 별자리는 88개로, 2세기 후반 그리스의 천문학자 프톨레마이오스(Ptolemaeus, 85?~165?)가 정리한 48개를 기원으로 하고 있다. 1930년 국제천문연맹이 1875년 춘분점을 기준으로 88개 별자리 사이의 경계를 정확히 했을 뿐만 아니라, 라틴어 이름과 약자를 정했다.

동양의 별자리는 삼황오제 중의 하나인 복희씨가 하늘을 관측한 것을 기원으로 한다. 사마천(司馬遷, BC 145~86)의 《사기》에 요·순 임금 시기에 별자리를 관측한 기록이 있고, 춘추·전국시대인 기원전 5세기경에 만들어진 칠기 상자에서 별자리의 명칭이 확인되었다. 이후 3세기 초에 280여 개로 구성된 별자리가 완성되었다고 여겨지나, 실제로 전해지는 별자리 그림은 중국 당나라 때의 〈돈황성도(敦煌星圖)〉가 가장 이른 것이라고 한다.

우리나라의 별자리를 알 수 있는 유물로는 〈천상열차분야지도〉가 있다. 〈천상열차분야지도〉는 고구려 때 처음 만들어진 천문도이지만, 소실되어서 1395년 조선 태조 때 다시 만들었다. 하지만 이것도 임진왜란과 병자호란으로 잊혔다. 그러다 숙종 13년 1687년에 이민철이 남아있던 복사본으로 다시 새롭게 돌에 새겼다. 이후 영조 때 천문을 맡은 관리가 불타버린 경복궁 터에서 태조 때 만들어진 돌 천문도를 발견하였다. 그래서 영조는 흠경각을 지어 태조 본 천문도와 숙종 본 천문도를 함께 보관하게 하였다. 가장 최근인 1991년 덕수궁 유물전시관에 태조 본 천문도를 옮기다가 뒷면에 있던 천문도를 발견했다. 이로써 우리나라에는 현재 3개의 천문도가 전해지고 있다.

Σ 함수를 합쳐서 새로운 함수를 만드는 것

별자리에서 가장 밝은 별을 알파별이라고 한다. 알파(α)는 그리스 문자의 가장 처음이므로 알파성(알파별)은 가장 밝은 별을 의미한다. 그런데 별자리에서 모든 알파성이 가장 밝은 별은 아니다. 예전에는 별의 밝기를 정확히 잴 수 없었기에 밝기가 비슷한 별의 부호를 서로 뒤바꿔 붙인 경우가 있었다. 별의 밝기는 등급으로 나타내는데 밝은 별일수록 등급을 나타내는 숫자가 작아지며,

별자리	알파별	밝기 등급
거문고	베가	0
백조	데네브	1
작은곰	북극성	2
큰개	시리우스	−1

큰개자리의 알파별은 시리우스로, 1등급보다 밝은 −1등급이다.

1등급 별은 6등급 별보다 약 100배 밝다.

예를 들어 위의 표는 네 가지 별자리와 그 별자리의 알파별 이름, 그리고 그 별의 밝기 등급의 어림값을 나타낸 것이다. 별자리와 알파별 그리고 등급에 대하여 집합 X, Y, Z를 다음과 같다고 하자.

$X = \{거문고, 백조, 작은곰, 큰개\}$

$Y = \{베가, 데네브, 북극성, 시리우스\}$

$Z = \{-1, 0, 1, 2\}$

위의 세 집합에 대하여 각 별자리에 알파별을 대응시키는 것을 함수 $f : X \to Y$, 각 별에 그 별의 밝기 등급을 대응시키는 것을 함수 $g : X \to Z$라 하자. 이때 두 함수의 대응 관계를 그림으로 나타내면 다음과 같다.

| 그림1. $f : X \to Y, g : X \to Z$ |

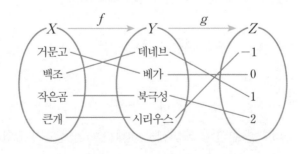

〈그림1〉로부터 X의 원소인 거문고는 Y의 원소 베가에 대응되고 Y의 원소 베

가는 Z의 원소 0에 대응되어, 결국 X의 원소인 거문고

는 Z의 원소 0에 대응됨을 알 수 있다. 이를테면 함수 f

$: X \to Y$와 $g : X \to Z$에 의하여

$$f(\text{거문고}) = \text{베가}, \quad g(\text{베가}) = 0$$

인데,

$$f(\text{거문고}) = \text{베가}$$

이므로

$$g(\text{베가}) = g(f(\text{거문고})) = 0$$

이다.

이와 같이 X의 원소를 f에 의해 Y로 보내고, 다시 Y의 원소를 g에 의하여 Z
로 보내면 집합 X에 집합 Z로의 새로운 함수가 하나 만들어진다. 이렇게 함수
를 합쳐서 새로운 함수를 만드는 것을 함수를 합성한다고 한다. 이때 만들어진
새로운 함수를 **합성함수** 라 하고, 기호로 $g \circ f$와 같이 나타낸다. 즉, 〈그림3〉의
왼쪽 그림은 벤 다이어그램으로 새로운 함수에 의하여 X의 각 원소가 Z의 어
떤 원소와 대응되는지 나타낸 것이고, 오른쪽 그림은 두 함수의 합성함수를 나
타낸 것이다.

| 그림2 |

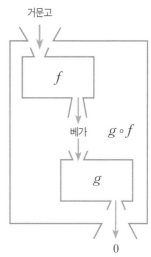

| 그림3 |

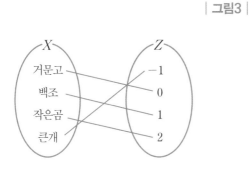

253

합성함수를 수학적으로 좀 더 엄밀하게 정의하자.

공집합이 아닌 세 집합 X, Y, Z

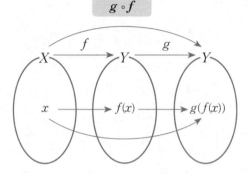

| 그림4. 정의역 $g \circ f : X \to Z$ |

에 대하여 두 함수 $f : X \to Y$와

$g : X \to Z$가 주어질 때, X의 각

원소 x에 Y의 각 원소 $y = f(x)$

가 대응하고, 다시 이 $y = f(x)$

에 Z의 원소 $g(y) = g(f(x))$

가 대응하면, X를 정의역으로

하고 Z를 공역으로 하는 새로운 함수를 정의할 수 있다. 이 함수를 함수 f와 g

의 합성함수라 한다. 또 합성함수 $g \circ f : X \to Z$에 대하여 x에서의 함숫값을

기호로

$(g \circ f)(x)$

와 같이 나타낸다. 즉,

$(g \circ f)(x) = g(f(x))$

이다. 이때 $f(x)$는 x에 대한 f의 함숫값이다.

예를 들어 $f(x) = 2x + 1$ 이고 $g(x) = 3x^2$ 라 하면

$$(g \circ f)(x) = g(f(x))$$
$$= 3(f(x))^2$$
$$= 3(2x + 1)^2$$
$$= 3(4x^2 + 4x + 1)$$
$$= 12x^2 + 12x + 3$$

이지만

$$(f \circ g)(x) = f(g(x))$$
$$= 2g(x) + 1$$
$$= 2(3x^2) + 1$$
$$= 6x^2 + 1$$

이다. 따라서 함수의 합성에서 교환법칙은 성립하지 않는다. 즉,

$$(g \circ f)(x) \neq (f \circ g)(x)$$

이다.

함수를 표기할 때 $f(x)$와 같이 왼쪽에 함수 기호 f를 쓰고, 오른쪽에 미지수 x를 쓴다. 함수의 합성 $g(f(x))$에서도 왼쪽에 함수 기호 g를 쓰고, 오른쪽에 미지수 $y = f(x)$를 쓴다. 그래서 $(g \circ f)(x) = g(f(x))$와 같이 표기하는 것이다. 이렇게 표기하면 오른쪽에 있는 것부터 차례대로 정해진 과정을 수행하라는 뜻이다.

이처럼 수학 기호 하나하나마다 개념이 포함되어 있다. 따라서 수학적 용어뿐만 아니라 기호를 잘 분석하면 기호에 포함된 수학적 개념을 이해하는 데 큰 도움이 된다.

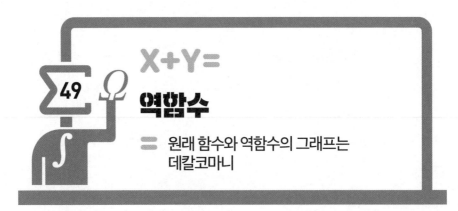

X+Y=
49 역함수
= 원래 함수와 역함수의 그래프는 데칼코마니

우리는 보통 기온이나 물체의 온도를 나타낼 때 섭씨를 사용한다. 섭씨는 물이 어는 온도를 0도로 하고 끓는 온도를 100도로 이 사이를 100등분하여 정한 온도 체계이며, 기호는 °C이다. 이것은 1742년 스웨덴의 천문학자 셀시우스(Anders Celsius, 1701~1744)가 처음으로 제안하였으며, 영어 등에서는 제안자의 이름을 따 '셀시어스'로 부르고 있다. 우리가 이것을 섭씨라고 부르는 이유는 셀시우스를 중국에서 자신들의 한자로 발음이 가장 비슷하게 나는 '섭이수사(攝爾修斯)'로 표기한데서 유래하였다. 즉, 섭이수사에서 처음이 성씨이므로 '섭'을 성씨로 생각하여 '섭씨(攝氏)'라고 부른 것이다.

한편, 또 다른 온도 체계로 화씨가 있다. 화씨는 독일의 파렌하이트(Gabriel Daniel Fahrenheit, 1686~1736)의 이름을 딴 온도 단위이며, 기호는 °F이다. 화씨는 물이 어는 온도를 32도(섭씨 0도)로 하고 끓는 온도를 212도(섭씨 100도)로 한 후에 이 사이를 180등분한 것

화씨 온도의 눈금을 묘사한 독일 우표.

이다. 현재 영국, 캐나다 등 대부분의 영어권 국가에서는 미터법을 채택하면서 온도의 단위를 화씨에서 섭씨로 바꾸었으나, 미국을 비롯한 몇몇 국가는 여전히 화씨를 사용하고 있다. 섭씨와 마찬가지로 화씨도 중국에서 유래했다. 중국인들이 독일 인명인 파렌하이트를 자신들의 말과 비슷한 '화륜해특(華倫海特)'이라 했고, 여기서 첫 글자인 '화'를 성씨로 생각하여 '화씨(華氏)'라 했다.

Σ 섭씨를 화씨로, 화씨를 섭씨로 바꾸기

섭씨를 화씨로 바꾸거나 화씨를 섭씨로 바꾸려면 다음 공식을 이용하면 된다.

| 섭씨를 화씨로, 화씨를 섭씨로 바꾸는 공식 |

$$°F = °C \times \frac{9}{5} + 32, \quad °C = (°F - 32) \times \frac{5}{9}$$

예를 들어 화씨 95°F는

$$°C = (95 - 32) \times \frac{5}{9} = 35$$

이므로 화씨로 95°F는 섭씨로 35℃이다. 또 섭씨 25℃는

$$°F = 25 \times \frac{9}{5} + 32 = 77$$

이므로 화씨로 77°F이다.

섭씨를 화씨로, 섭씨를 화씨로 바꾸는 것과 같이 두 집합 사이의 관계에서 집합 X에서 집합 Y로의 함수 f에 대하여 그 역의 대응 관계를 생각해 보자.

〈그림1〉에서 함수 $f: X \to Y$는 일대일 대응이므로 함수 f의 역의 대응에서 집합 Y의 각 원소에 집합 X의 원소가 하나씩만 대응하고, 대응하지 않는 원소는

| 그림1 |

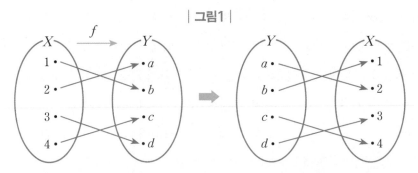

없다. 따라서 함수 f의 역의 대응은 집합 Y를 정의역, 집합 X를 공역으로 하는 함수가 된다.

일반적으로 함수 $f : X \to Y$가 일대일 대응이면 Y의 각 원소 y에 대하여 $f(x) = y$인 X의 원소 x가 오직 하나씩 존재한다. 따라서 Y의 각 원소 y에 $f(x) = y$인 X의 원소 x를 대응시키면, 집합 Y를 정의역, 집합 X를 공역으로 하는 새로운 함수를 정의할 수 있다. 이 함수를 f의 **역함수(inverse function)** 라 하고 기호로

$$f^{-1}$$

과 같이 나타낸다. 즉, 함수 $f : X \to Y, y = f(x)$의 역함수는 다음과 같다.

| 그림2. 함수 $f : X \to Y, y = f(x)$의 역함수 |

$$f^{-1} : Y \to X, x = f^{-1}(y)$$

함수를 나타낼 때는 보통 정의역의 원소를 x, 치역의 원소를 y로 나타낸다. 함수 $y = f(x)$의 역함수 $x = f^{-1}(y)$에서도 x와 y를 서로 바꾸어

$$y = f^{-1}(x)$$

와 같이 나타낸다. 일대일 대응인 함수 $y = f(x)$의 역함수 $y = f^{-1}(x)$를 다음과 같이 구할 수 있다.

$$y = f(x) \xrightarrow{} x = f^{-1}(y) \xrightarrow{} y = f^{-1}(x)$$

x에 대하여 푼다.　　　　　x와 y를 서로 바꾼다.

이때 f^{-1}에서 -1을 지수로 생각하여 $f^{-1} = \dfrac{1}{f}$ 이라 하면 안 된다.

Σ 실전, 일대일 함수의 역함수 구하기

예를 들어, 일대일 대응인 함수 $y = 2x - 2$의 역함수를 구해 보자.

$y = 2x - 2$에서 x를 y에 대하여 정리하면

$$x = \frac{1}{2}y + 1$$

여기서 변수 x와 y를 서로 바꾸면, 구하는 역함수는 다음과 같다.

$$y = \frac{1}{2}x + 1$$

그런데 $f^{-1} = \dfrac{1}{f}$로 생각하여 $y^{-1} = \dfrac{1}{y} = \dfrac{1}{2x - 2}$ 라 하면 절대 안 된다.

함수 $y = f(x)$의 역함수 $y = f^{-1}(x)$가 존재할 때, 함수 $y = f(x)$의 그래프 위의 점을 (a, b)라 하면

$$b = f(a), \ \text{즉} \ a = f^{-1}(b)$$

이므로 점 (b, a)는 역함수 $y = f^{-1}(x)$의 그래프 위의 점이다. 이때 점 (a, b)와 점 (b, a)는 직선 $y = x$에 대하여 대칭이다. 즉, 함수 $y = f(x)$의 역함수 $y = f^{-1}(x)$의 그래프는 원래 함수 $y = f(x)$의 그래프를 $y = x$에 대하여 대칭이동한 것이다. 바꾸어 말하면 (x, y)가 (y, x)로 바뀐 것이므로 원래 함수와 역함수의 그래프는 〈그림3〉과 같이 $y = x$에 대하여 대칭이다. 마치 데칼코마

니처럼 $y = x$를 접는 선으로 하여 종이를 접었을 때, 묻어나오는 그림이 역함수의 그래프다. 예를 들어, 앞에서 알아봤던 함수 $y = 2x - 2$와 그 역함수 $x = \dfrac{1}{2}y + 1$의 그래프를 그리면 〈그림4〉와 같다.

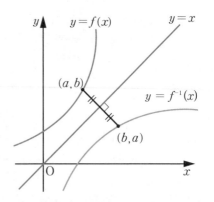

| 그림3. 원래 함수와 역함수의 그래프 |

보통 어떤 함수의 역함수를 구할 때는 가장 먼저 처음 주어진 함수가 일대일 대응인지 확인해야 한다. 일대일 대응인 함수만이 역함수를 갖기 때문이다. 따라서 일대일 대응도 아닌데 역함수를 구하려고 노력할 필요 없으므로, 처음 주어진 함수가 일대일 대응인지 아닌지를 먼저 확인한 후에 역함수를 구해야 한다. 역함수의 그래프도, 원래 함수의 그래프를

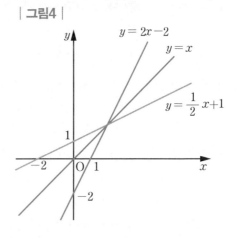

| 그림4 |

먼저 그린 후에 그래프를 $y = x$에 대하여 대칭시킨 그래프를 생각하면 편리하다. 그리기 어렵다면 $y = x$를 접는 선으로 하여 그래프를 접었을 때 나타나는 것이 역함수의 그래프라고 생각하면 된다.

X+Y=

50 유리함수

= 라면을 끓이며 이해하는 함수의 원리

라면을 끓이려고 냄비에 물을 붓고 가열하면, 물이 끓으면서 냄비 뚜껑이 들썩거리는 것을 볼 수 있다. 이런 현상은 '보일-샤를의 법칙'과 관련이 있다.

'샤를의 법칙'은 기체의 압력이 일정한 상태에서 기체의 부피 V는 기체의 온도 T에 정비례한다는 법칙으로 비례상수 k에 대하여 $V = kT$로 나타낼 수 있다. 샤를의 법칙은 온도가 올라감에 따라 기체의 부피는 팽창하고, 온도가 내려가면 기체의 부피는 감소한다는 것을 말한다. 물을 가열하면 물의 온도가 올라가면서 물속 공기의 온도도 올라간다. 온도가 올라간 공기는 팽창하며 수증기와 함께 밖으로 나오며 냄비 뚜껑을 들썩이게 한다.

한편, 부피와 압력에 대한 법칙도 있다. 용기의 부피가 감소할 때 용기 내 기체의 압력이 증가하는 경향을 나타내는 법칙을 '보일의 법칙'이라고 한다. 보일의 법칙은 온도가 일정할 때, 압력이 커지면 기체의 부피는 줄어들고, 압력이 줄면 기체의 부피는 늘어난다는 것이다. 즉, 일정

물을 가열하면 물속에 있던 공기가 팽창하며 수증기와 함께 밖으로 나오기 때문에 냄비 뚜껑이 들썩거린다.

한 온도에서 기체의 부피 V는 압력 P에 반비례한다는 것이 보일의 법칙이다. 〈그림1〉과 같이 보일의 법칙은 어떤 기체의 부피가 V이고 압력이 P일 때, 압력이 절반이면 부

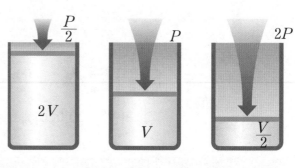

| 그림1. 보일의 법칙 |

피는 두 배가 되고 압력의 두 배가 되면 부피는 절반이 됨을 설명해 준다. 샤를의 법칙과 보일의 법칙을 종합한 것을 보일-샤를의 법칙이라고 하며, 기체의 압력·온도·부피 사이의 관계를 나타내는 다음과 같은 공식이 성립한다.

| 보일 – 샤를의 법칙 |

$$\frac{P_1 V_1}{T_1} = \frac{P_2 V_2}{T_2}$$

Σ 유리식은 유리수처럼 연산

온도가 일정한 경우를 좀 더 간단하게 살펴보면, 압력이 x일 때 부피가 y인 어떤 기체가 보일의 법칙을 따른다면 비례상수 k에 대하여 $y = \dfrac{k}{x}$인 관계가 있다. 이와 같이 두 다항식 A와 B에 대하여 $B \neq 0$일 때, $\dfrac{A}{B}$의 꼴로 나타낸 식을 **유리식**이라고 한다. 특히, 다항식 A는 $\dfrac{A}{1}$로 나타낼 수 있으므로 다항식도 유리식이다. 이를테면, $2,\ x,\ 3x-2, x^2-2x-1$은 모두 다항식이므로 유리식이다. 또 $\dfrac{3}{x},\ \dfrac{2x+1}{x-1},\ \dfrac{5x-1}{x^2+3x-1}$은 두 다항식 A와 B에 대하여 $\dfrac{A}{B}$의 꼴

로 나타낸 것이므로 모두 유리식이다.

유리식은 마치 유리수를 정의할 때, 두 정수 a와 b에 대하여 $b \neq 0$일 때 $\dfrac{a}{b}$를 유리수라 하는 것과 똑같다. 그래서 유리식의 덧셈, 뺄셈, 곱셈, 나눗셈은 모두 유리수와 마찬가지 방법으로 한다. 즉, 유리식의 덧셈과 뺄셈은 분모를 통분하여 계산하고, 곱셈은 분모는 분모끼리 분자는 분자끼리 곱하여 계산한다. 유리식의 나눗셈은 나누는 식의 분자와 분모를 바꾼 식을 곱하여 계산한다.

수학에서 다항식을 도입하고 다항함수를 배웠듯이, 여기서도 유리식을 도입했으므로 유리함수를 정의할 수 있다. 즉, 함수 $y = f(x)$에서 $f(x)$가 x에 대한 유리식일 때, 이 함수를 **유리함수** 라고 한다. 이를테면, $y = \dfrac{3}{x}$, $y = \dfrac{2x + 1}{x - 1}$, $y = \dfrac{5x - 1}{x^2 + 3x - 1}$ 은 모두 유리함수다.

다항함수의 정의역은 실수 전체의 집합이지만 유리함수의 정의역은 분모가 0이 되지 않도록 하는 실수 전체의 집합이다. 이를테면 유리함수 $y = \dfrac{2x + 1}{x - 1}$의 정의역은 분모 $x - 1$이 0이 되지 않을 때이므로 $x \neq 1$인 실수이다. 즉, 이 함수의 정의역은 $\{ x \mid x \neq 1$인 실수$\}$이다.

결국 유리함수의 정의역은 분모가 0이 아닌 경우만 생각하면 되므로 분자는 신경 쓰지 말고, 무조건 유리식의 분모에 집중해야 한다.

Σ 유리함수의 성질

중학교에서 우리는 반비례 $y = \dfrac{1}{x}$와 이 함수의 그래프에 대하여 배웠다. 유리함수에서는 가장 기본이 되는 $y = \dfrac{k}{x}$에 대하여 알아보면 다른 유리함수의 성질에 대하여 모두 알 수 있다.

이 함수 $y = \dfrac{k}{x}(k \neq 0)$의 정의역과 치역은 모두 0이 아닌 실수 전체의 집합이다. 이때 함수 $y = \dfrac{k}{x}$ 의 그래프 위의 점은 x 의 절댓값이 커질수록 x 축에 한 없이 가까워지고, x 의 값이 0에 가까워질수록 y 축에 한없이 가까워진다. 이와 같이 곡선이 어떤 직선에 한없이 가까워질 때, 이 직선을 그 곡선의 **점근선** 이라 고 한다. 점근선은 말 그대로 '점점 가까워지는 직선'이라는 뜻이다. 점근선이 있 는 곡선은 그 점근선에 한없이 가까워지지만 만나지는 않는다. 함수 $y = \dfrac{k}{x}$ 의 그래프의 점근선은 x 축과 y 축이고, k 값에 따른 그래프는 다음과 같다.

| 그림2. k값에 따른 함수 $y = \dfrac{k}{x}$의 그래프 |

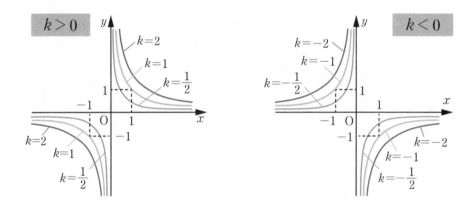

일반적으로 함수 $y = f(x)$ 를 x 축으로 p 만큼 평행이동 한 함수는 x 대신에 $x - p$ 를 대입한 $y = f(x-p)$ 이다. 또 함수 $y = f(x)$ 를 y 축으로 q 만큼 평행이동 한 함수는 y 대신에 $y - q$ 를 대입한 $y - q = f(x)$ 이다. 따라서 함수 $y = f(x)$ 를 x 축으로 p 만큼, y 축으로 q 만큼 평행이동 한 함수는 $y - q = f(x-p)$ 이다. 즉, $y = f(x-p) + q$ 이다.

따라서 유리함수 $y = \dfrac{k}{x}$ 를 x 축으로 p 만큼, y 축으로 q 만큼 평행이동 한 함수 는 $y - q = \dfrac{k}{x-p}$ 즉, $y = \dfrac{k}{x-p} + q$ 이다. 이때 분모 $x - p$ 가 0이면 안 되므로 이 함수의 정의역은 $\{x \mid x \neq p$ 인 실수$\}$ 이다. 치역은 $\{y \mid y \neq q$ 인 실수$\}$

이다. $x - p \neq 0$이고 $k \neq 0$이므로 $y = \dfrac{k}{x-p} + q$에서 $\dfrac{k}{x-p} \neq 0$이다. 그러므로 y의 값은 절대로 q가 될 수 없다. 따라서 유리함수 $y = \dfrac{k}{x-p} + q$ 의 치역은 $\{y \mid y \neq q$인 실수$\}$이다.

한편, 그래프는 k값이 양수인지 음수인지에 따라 다음과 같다.

| 그림3. k값이 양수일 때와 음수일 때 $y = \dfrac{k}{x-p} + q$의 그래프 |

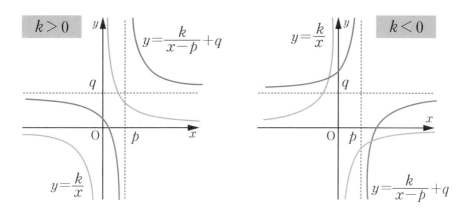

또 이 함수의 그래프는 $y = \dfrac{k}{x}$를 x축으로 p만큼, y축으로 q만큼 평행이동 했 으므로 점근선도 그만큼 평행이동 된다. 따라서 $y = \dfrac{k}{x-p} + q$의 점근선은 $x = p$와 $y = q$이다. 그런데 앞에서 $x \neq p$이고 $y \neq q$라 했다. 결국 점근선은 이 그래프와 만나지 않고 다만 점점 가까워질 뿐임을 알 수 있다.

보통 시험에서 유리함수는 $y = \dfrac{ax + b}{cx + d}$의 꼴로 주어지는데, 이것을 $y = \dfrac{k}{x-p} + q$의 꼴로 변형하면 된다. 이를테면 함수 $y = \dfrac{3x + 7}{x + 3}$을 $y = \dfrac{k}{x-p} + q$의 꼴로 다음과 같이 변형할 수 있다.

$$y = \frac{3x+7}{x+3} = \frac{3(x+3)-2}{x+3}$$

$$= \frac{3(x+3)}{x+3} + \frac{-2}{x+3} = 3 - \frac{2}{x+3}$$

$$= -\frac{2}{x+3} + 3 = -\frac{2}{(x-(-3))} + 3$$

그러면 〈그림4〉에서 보듯이, 함수 $y = \frac{3x+7}{x+3}$의 그래프는 $y = -\frac{2}{x}$의 그래프를 x축으로 -3만큼, y축으로 3만큼 평행이동 한 것이고, 점근선은 $x = -3$과 $y = 3$임을 알 수 있다.

| 그림4. $y = \dfrac{3x+7}{x+3}$ 의 그래프 |

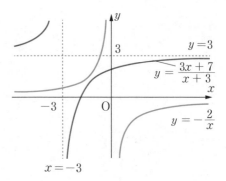

이처럼 수학에서 나오는 다양한 함수는 기본형이 있고, 나머지는 그 기본형을 약간 변형한 것이다. 따라서 기본형에 대한 성질을 잘 이해하고 있다면 변형한 것도 잘 이해할 수 있다. 즉, 가장 기본적인 개념이 가장 중요하다.

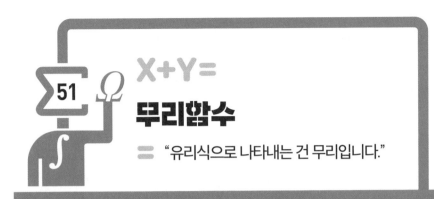

51 $X+Y=$ 무리함수

$=$ "유리식으로 나타내는 건 무리입니다."

고속도로를 달리는 자동차에 제동을 걸면 바로 멈추지 않고 속력이 0이 될 때까지 더 나아가게 된다. 시속 100km로 달리던 자동차의 경우에 약 100m 정도 더 나아간다고 한다. 자동차가 도로 위를 달리다가 급제동할 때 도로에 나타나는 바퀴 자국을 스키드마크라고 한다. 즉, 스키드마크는 자동차에 제동을 걸어 바퀴가 구르지 않고 미끄러질 때 도로 면에 나타나는 타이어 자국인 것이다. 서서히 속력을 줄이면 스키드마크가 생기지 않지만 급제동하면 스키드마크가 생긴다. 이때, 스키드마크의 길이를 알면 도로의 종류와 상태에 따른 마찰계수를 적용하여 직전 자동차의 속력을 추정할 수 있다. 그래서 스키드마크는 교통사고의 원인을 밝히는 중요한 단서다.

다음은 세 가지 도로 상태에 대한 대략적인 마찰계수다.

도로 상태에 따른 마찰계수	
도로의 상태	**마찰계수**
건조할 때	0.8
비가 내릴 때	0.6
눈이 내리거나 얼었을 때	0.3

Σ 근호 안의 식을 유리식으로 바꿀 수 있는가?

예를 들어, 어느 도로에서 스키드마크의 길이를 sm, 마찰계수를 f, 제동 직전 자동차의 속력을 $v$km/h라고 하면

$$v = \sqrt{125 \times s \times f}$$

인 관계가 있다고 한다. 맑은 날과 눈이 내리는 날 모두 길이가 100m인 스키드마크가 생겼다고 할 때, 맑은 날의 마찰계수는 0.8이므로

$$v = \sqrt{125 \times 100 \times 0.8} = \sqrt{10000} = 100$$

이다. 또 눈이 내리는 날의 마찰계수는 0.3이므로

$$v = \sqrt{125 \times 100 \times 0.3} = \sqrt{3750} \fallingdotseq 61$$

이다. 스키드마크의 길이가 똑같이 100m였으나 맑은 날은 시속 100km로 달린 것이고 눈이 오는 날은 시속 61km로 달린 것이다. 따라서 스키드마크가 똑같이 100m였다고 하더라도 맑은 날보다 눈이 오는 날에 제동거리가 길어진다는 것을 알 수 있다.

스키드마크로 자동차의 속력을 구할 때와 같이 근호 안에 문자가 포함된 식 중에서 유리식으로 나타낼 수 없는 식을 **무리식** 이라고 한다. 예를 들어 $\sqrt{3x}$, $\sqrt{x-2}$, $x^2 + \sqrt{5x+2}$, $\sqrt{x^2 - 3x + 1}$ 은 모두 무리식이다.

그런데 근호 안의 다항식을 완전제곱식으로 나타낼 수 있는 경우는 무리식이 아니다. 예를 들어 $\sqrt{x^2 + 2x + 1}$ 에서 $x^2 + 2x + 1$을 완전제곱식으로 나타내면 $\sqrt{x^2 + 2x + 1} = \sqrt{(x+1)^2} = |x+1|$이므로 $\sqrt{x^2 + 2x + 1}$은 무리식이 아니다.

따라서 어떤 식이 무리식인지 아닌지 알기 위해서는 먼저 근호를 벗길 수 있는지 확인해야 한다. 또 무리수와 마찬가지로, 무리식의 값이 실수가 되려면 근호 안에 있는 식의 값이 0 이상이어야 하므로 무리식을 계산할 때는

'(근호 안의 식의 값) ≥ 0'이 되는 범위에서만 생각한다.

유리함수와 마찬가지로 함수 $y = f(x)$에서 $f(x)$가 x에 대한 무리식일 때, 이 함수를 **무리함수** 라고 한다. 무리함수에서 정의역이 주어져 있지 않은 경우에는 근호 안에 있는 식의 값이 0 이상이 되도록 하는 실수 전체의 집합을 정의역으로 한다. 이를테면 함수 $y = \sqrt{7-2x} - 1$에 대하여 근호 안의 식 $7-2x$가 0 이상이 되어야 하므로 $7-2x \geq 0$, $7 \geq 2x$, $x \leq \dfrac{7}{2}$이다. 따라서 함수 $y = \sqrt{7-2x} - 1$의 정의역은 $\left\{ x \mid x \leq \dfrac{7}{2} \text{인 실수} \right\}$이다.

Σ 무리함수의 그래프

이제 무리함수의 그래프에 대하여 알아보자. 무리함수에서 가장 기본이 되는 것은 $y = \sqrt{x}$이고, 이 함수의 그래프는 역함수의 그래프를 이용하여 쉽게 그릴 수 있다.

무리함수 $y = \sqrt{x}$는 정의역이 $\{ x \mid x \geq 0 \}$이고 치역이 $\{ y \mid y \geq 0 \}$인 일대일 함수이므로 역함수는 다음과 같이 구할 수 있다.

| 무리함수 $y = \sqrt{x}$의 역함수 |

$$y = \sqrt{x} \ (y \geq 0) \xrightarrow[\text{푼다.}]{x\text{에 대하여}} x = y^2 \ (y \geq 0) \xrightarrow[\text{서로 바꾼다.}]{x\text{와 } y\text{를}} y = x^2 \ (x \geq 0)$$

무리함수 $y = \sqrt{x}$의 그래프는 그 역함수 $y = x^2 \ (x \geq 0)$의 그래프와 직선 $y = x$에 대하여 대칭이므로 〈그림1〉과 같다.

일반적으로 무리함수 $y = \sqrt{ax} \ (a \neq 0)$는 이차함수 $y = \dfrac{1}{a}x^2$ $(a \neq 0, \ x \geq 0)$의 역함수이므로 두 함수의 그래프가 $y = x$에 대하여 대칭

임을 이용하여 함수 $y = \sqrt{ax}\ (a \neq 0)$ 의 그래프를 그리면 〈그림2〉와 같다. 역함수에서도 소개했지만, 어떤 함수의 그래프와 역함수의 그래프는 $y = x$를 접는 선으로 하여 접었을 때 포개진다. 따라서 역함수의 그래프를 이해하기 어렵거나 복잡할 때는 그래프가 그려진 종이를 $y = x$를 대칭축으로 하여 접어서 관찰하면 된다.

| 그림1. $y = \sqrt{x}$의 그래프 |

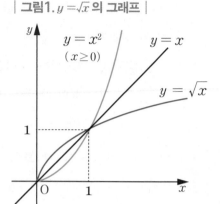

| 그림2. $y = \sqrt{ax}\ (a \neq 0)$의 그래프 |

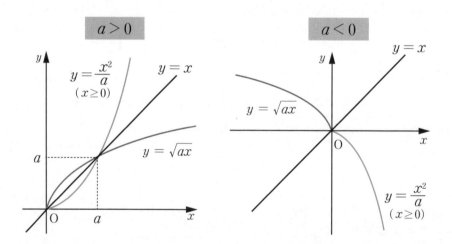

또 무리함수 $y = \sqrt{ax}\ (a \neq 0)$의 그래프에서 $a = \pm 1,\ \pm 2,\ \pm 3$일 때의 그래프는 〈그림3〉과 같으므로 $|a|$의 값이 커질수록 그래프가 x축에서 멀어짐을 알 수 있다.

한편, 무리함수 $y = -\sqrt{ax}\ (a \neq 0)$의 그래프는 무리함수 $y = \sqrt{ax}$ $(a \neq 0)$의 그래프와 x축에 대하여 대칭이므로 $a > 0$일 때,

$$y = \sqrt{ax}, \ y = \sqrt{-ax}, \ y = -\sqrt{ax}, \ y = -\sqrt{-ax}$$

의 그래프는 〈그림4〉와 같다. 이때 각
함수의 부호를 잘 살펴봐야 한다.

유리함수에서와 마찬가지로 무리함수

$$y = \sqrt{a(x-p)} + q \ (a \neq 0)$$

의 그래프는 무리함수

$y = \sqrt{ax} \ (a \neq 0)$의 그래프를

x축의 방향으로 p만큼, y축의 방향으
로 q만큼 평행이동 한 것이다.

이때 이 무리함수의 정의역은

$$a > 0 이면 \{x \mid x \geq p\},$$

$$a < 0 이면 \{x \mid x \leq p\}$$

이고, 치역은 $\{y \mid y \geq q\}$이다.

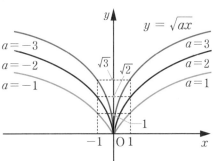

| 그림3. $y = \sqrt{ax} \ (a \neq 0)$의 그래프 |

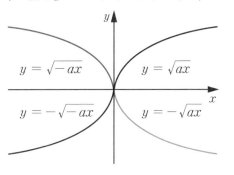

| 그림4. $y = \sqrt{ax} \ (a > 0)$의 그래프 |

| 그림5. $y = \sqrt{ax} \ (a \neq 0)$의 그래프를 x축 방향으로 p, y축 방향으로 q만큼 평행이동 |

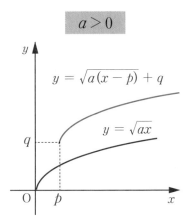

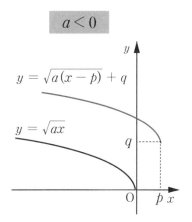

271

그런데 지금까지 설명한 것을 모두 기억할 필요는 없다. 무리수와 평행이동을 정확히 이해하고 있다면, $y = \sqrt{x}$ 하나만 정확히 이해하고 나머지는 이 함수를 평행이동 시키면 된다.

예를 들어 무리함수 $y = \sqrt{3x - 6} + 3$ 은 다음과 같이 변형할 수 있다.

$$y = \sqrt{3x - 6} + 3$$
$$= \sqrt{3(x - 2)} + 3$$

따라서 무리함수 $y = \sqrt{3x - 6} + 3$의
그래프는 무리함수 $y = \sqrt{x}$ 의 그래프를
3만큼 y축 방향으로 증가시켜
$y = \sqrt{3x}$의 그래프를 얻고,
$y = \sqrt{3x}$의 그래프를 x축의 방향으로
2만큼, y축의 방향으로 3만큼 평행이동
한 것이다.

| 그림6. $y = \sqrt{3x - 6} + 3$의 그래프 |

따라서 그래프는 〈그림6〉과 같고,
정의역은 $\{x \mid x \geq 2\}$이고 치역은 $\{y \mid y \geq 3\}$이다.

유리함수와 무리함수에 대하여 알아본 것처럼, 가장 기본적인 함수의 성질과 그래프의 모양을 이해하고 있다면 그래프를 x축과 y축의 방향으로 평행이동한 그래프를 이해하는 것은 어렵지 않을 것이다. 그런데 많은 경우에 기본적인 함수를 이해하지 않고 복잡한 것을 먼저 이해하려 하거나, 서로 다른 경우로 생각하여 따로따로 공부한다. 그래서 수학은 할 것이 많아지고 새로운 게 나올 때마다 어려워진다. 하지만 가장 기본적인 것에 대한 확실한 이해가 뒷받침된다면 그것을 이리저리 옮긴다고 해도 크게 변하는 것은 없다.

따라서 교과서만 충실하게 공부해도 어려운 문제를 해결할 수 있다. 즉, 수학

적 내용에 대한 정확한 개념 이해는 가장 기본적인 쉬운 것에서 시작해야 한다. 수학능력시험에서 최고점을 받은 학생들이 인터뷰에서 빠지지 않고 하는 대답은 "교과서 위주로 공부했어요"이다. 이 말은 "개념을 정확히 파악하고 공부했어요"와 똑같은 말이다.

잊지 마라. 개념이 수학의 90%다.

∑ 참고 문헌

- 고성은 외 6명, 고등학교 수학, 수학I, 수학II, 미적분, 확률과 통계, 좋은책신사고, 2018.
- 교육부, 2015 개정 수학과 교육과정, 교육부, 2015.
- 교육부, 2022 개정 수학과 교육과정, 교육부, 2022.
- 김원경 외 14명, 고등학교 수학, 수학I, 수학II, 미적분, 확률과 통계, 비상교육, 2018.
- 김창동 외 14명, 고등학교 수학I, 수학II, 미적분I, 미적분II, 확률과 통계, 교학사, 2014.
- 달링, 궁금한 수학의 세계, 청문각, 2015.
- 류희찬 외 10명, 고등학교 수학, 수학I, 수학II, 미적분, 확률과 통계, 천재교육, 2018.
- 박교식 외 19명, 고등학교 수학, 수학I, 수학II, 미적분, 확률과 통계, 동아출판, 2018.
- 박교식, 수학용어 다시보기, 수학사랑, 2001.
- 신항균 외 11명, 고등학교 수학I, 수학II, 미적분I, 미적분II, 확률과 통계, 지학사, 2014.
- 신항균 외 11명, 고등학교 수학I 지도서, 수학II 지도서, 미적분I 지도서, 미적분II 지도서, 확률과 통계 지도서, 지학사, 2014.
- 얀 굴베리, 수학백과, 경문사, 2013.
- 우정호 외 24명, 고등학교 수학I, 수학II, 미적분I, 미적분II, 확률과 통계, 동아출판, 2014.
- 이준열 외 9명, 고등학교 수학, 수학I, 수학II, 미적분, 확률과 통계, 천재교육, 2018.
- 황선욱 외 10명, 고등학교 수학I, 수학II, 미적분I, 미적분II, 확률과 통계, 좋은책신사고, 2014.
- 황선욱 외 8명, 고등학교 수학, 수학I, 수학II, 미적분, 확률과 통계, 미래엔, 2018.
- 황선욱 외 8명, 고등학교 수학 지도서, 수학I 지도서, 수학II 지도서, 미적분 지도서, 확률과 통계 지도서, 미래엔, 2018.
- Florian Cajori, A History of Mathematical Notations, Cosimo Classics, 2011.

- 울프람 알파 : https://www.wolframalpha.com/
- 네이버 수학백과 : https://terms.naver.com/list.naver?cid=60207&categoryId=60207

시험에 꼭 나오는
필수 수학 공식

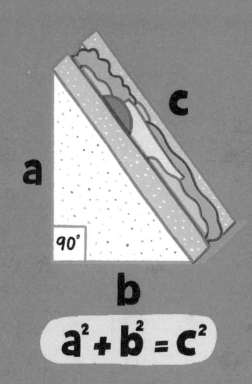

$$a^2 + b^2 = c^2$$

001 정삼각형의 넓이 공식

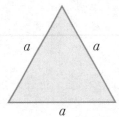

$$A = \frac{\sqrt{3}}{4}a^2$$

A : 정삼각형의 넓이

002 정삼각형의 높이 공식

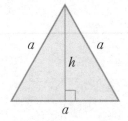

$$h = \frac{\sqrt{3}}{2}a$$

h : 정삼각형의 높이

003 직각삼각형의 넓이 공식

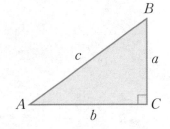

$$S = \frac{1}{2}ab = \frac{1}{2}bc\sin A$$
$$= \frac{1}{2}ac\cos A$$

S : 직각삼각형의 넓이

004 피타고라스의 정리

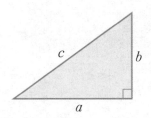

$$c^2 = a^2 + b^2$$

c : 빗변

005 이등변삼각형의 넓이 공식

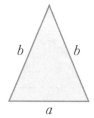

$$A = \frac{a}{4}\sqrt{4b^2 - a^2}$$

A : 이등변삼각형의 넓이

006 삼각형의 넓이 공식

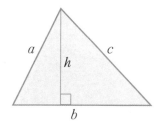

$$A = \frac{1}{2}bh$$

A : 삼각형의 넓이

007 헤론의 공식

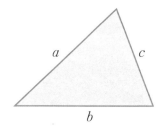

$$A = \sqrt{s(s-a)(s-b)(s-c)}$$
$$\left(단, s = \frac{a+b+c}{2}\right)$$

A : 삼각형의 넓이,
a, b, c : 변의 길이

008 각과 삼각형의 넓이 공식

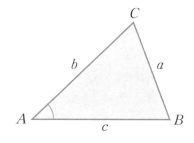

$$S = \frac{1}{2}bc\sin A$$

S : 삼각형의 넓이

009 내접원과 삼각형의 넓이 공식

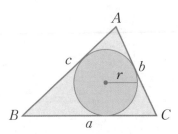

$$S = rs$$
$$\left(s = \frac{a + b + c}{2} \right)$$

S : 삼각형의 넓이, r : 내접원의 반지름

010 외접원과 삼각형의 넓이 공식

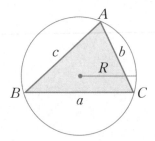

$$S = \frac{abc}{4R} = 2R^2 \sin A \sin B \sin C$$

S : 삼각형의 넓이, R : 외접원의 반지름

011 무게중심 공식

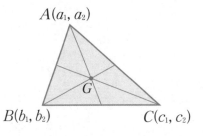

$$G = \left(\frac{a_1 + b_1 + c_1}{3}, \ \frac{a_2 + b_2 + c_2}{3} \right)$$

G : 무게중심

012 중선 정리

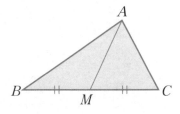

$$AB^2 + AC^2 = 2(AM^2 + BM^2)$$

M : 선분 BC의 중점

013 정사각형의 넓이 공식

$$A = a^2$$

A : 정사각형의 넓이

014 직사각형의 넓이 공식

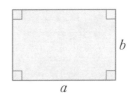

$$A = ab$$

A : 직사각형의 넓이

015 직사각형의 둘레 공식

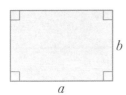

$$L = 2a + 2b$$

L : 직사각형의 둘레

016 직사각형의 대각선 길이 공식

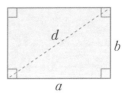

$$d = \sqrt{a^2 + b^2}$$

d : 직사각형의 대각선의 길이

017 마름모의 넓이 공식

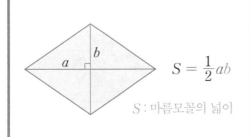

$$S = \frac{1}{2}ab$$

S : 마름모꼴의 넓이

018 평행사변형의 넓이 공식

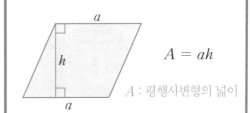

$$A = ah$$

A : 평행사변형의 넓이

019 **사다리꼴의 넓이 공식**

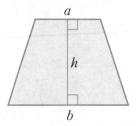

$$S = \frac{1}{2}(a + b)h$$

S : 사다리꼴의 넓이

020 **사각형의 넓이 공식**

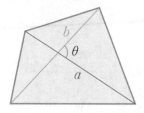

$$S = \frac{1}{2}ab\sin\theta$$

S : 사각형의 넓이
a, b : 대각선의 길이

021 **정오각형의 넓이 공식**

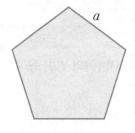

$$S = \frac{a^2}{4}\sqrt{25 + 10\sqrt{5}}$$

S : 정오각형의 넓이
a : 한 변의 길이

022 **정오각형의 높이 공식**

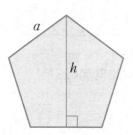

$$h = \frac{\sqrt{5 + 2\sqrt{5}}}{2}a$$

h : 정오각형의 높이
a : 한 변의 길이

023 정오각형의 대각선 길이 공식

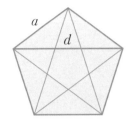

$$d = \frac{1 + \sqrt{5}}{2} a$$

d : 대각선의 길이
a : 한 변의 길이

024 정육각형의 넓이 공식

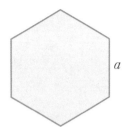

$$A = \frac{3\sqrt{3}}{2} a^2$$

A : 정육각형의 넓이

025 다각형의 대각선 수 공식

$$D(n) = \frac{n(n-3)}{2}$$

$D(n)$: 볼록 n각형의 대각선의 개수

026 다각형의 내각의 합 공식

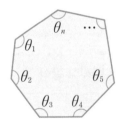

$$\sum_{i=1}^{n} \theta_i = 180°(n-2)$$

$\sum_{i=1}^{n} \theta_i$: n각형의 내각의 합

Mathematics

027 정다각형의 넓이 공식

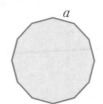

$$S = \frac{na^2}{4\tan\dfrac{\pi}{n}}$$

S : 정 n 각형의 넓이
a : 한 변의 길이

028 정다각형의 내각 공식

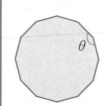

$$\theta = \frac{180° \cdot (n-2)}{n}$$

θ : 정 n 각형의 한 내각의 크기

029 원의 넓이 공식

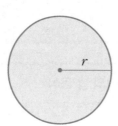

$$S = \pi r^2$$

S : 원의 넓이

030 원의 둘레 공식

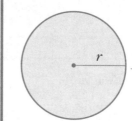

$$\ell = 2\pi r$$

ℓ : 둘레의 길이

031 원의 방정식 공식

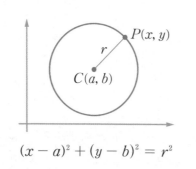

$$(x-a)^2 + (y-b)^2 = r^2$$

032 원주각과 중심각 공식

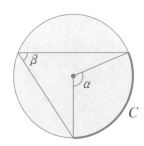

$$\beta = \frac{1}{2}\alpha$$

C : 원의 한 호,
α : C의 중심각, β : C의 원주각

033 접현의 정리

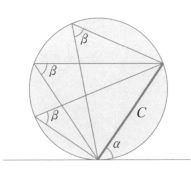

$$\beta = \alpha$$

L : 원의 접선
C : 한 끝점이 L에 있는 원의 현
α : L과 C가 이루는 각
β : C의 α 반대쪽 원주각

034 원주율 공식

$$\text{원주율}(\pi) = \frac{\text{원의 둘레}}{\text{원의 지름}}$$
$$= 3.1415926535\ldots$$

035 원주율 구하는 공식

$$\pi = 4\left(\frac{1}{1} - \frac{1}{3} + \frac{1}{5} - \frac{1}{7} + \frac{1}{9} - \cdots\right)$$

arctan의 테일러 전개를 이용한 한 방법

036 부채꼴의 중심각 공식

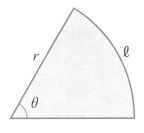

$$\theta(\text{라디안}) = \frac{\ell}{r}$$

θ : 부채꼴의 중심각
ℓ : 호의 길이

$\mathcal{M}athematics$

037 부채꼴의 넓이 공식

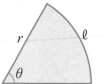

$$S = \frac{1}{2}r^2\theta = \frac{1}{2}r\ell$$

S : 부채꼴의 넓이
θ : 중심각(라디안)

038 호의 길이 공식

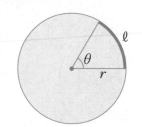

$$\ell = r\theta$$

ℓ : 호의 길이
θ : 중심각(라디안)

039 타원의 넓이 공식

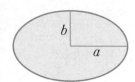

$$S = \pi ab$$

S : 타원의 넓이,
a : 긴 반지름, b : 짧은 반지름

040 타원의 방정식 공식

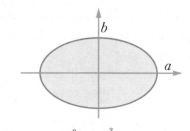

$$\frac{x^2}{a^2} + \frac{y^2}{b^2} = 1$$

041 구의 부피 공식

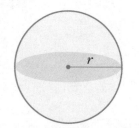

$$V = \frac{4}{3}\pi r^3$$

V : 구의 부피

042 구의 겉넓이 공식

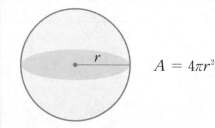

$$A = 4\pi r^2$$

A : 구의 겉넓이

043 원기둥의 부피 공식

$$V = \pi r^2 h$$

V : 원기둥의 부피

044 원기둥의 겉넓이 공식

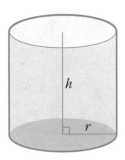

$$A = 2\pi rh + 2\pi r^2$$

A : 원기둥의 겉넓이

045 원뿔의 부피 공식

$$V = \frac{1}{3}\pi r^2 h$$

V : 원뿔의 부피

046 원뿔의 겉넓이 공식

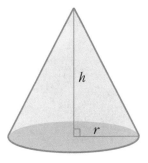

$$S = \pi r\sqrt{r^2 + h^2} + \pi r^2$$

S : 원뿔의 겉넓이

047 삼각뿔의 부피 공식

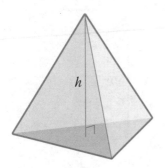

$$V = \frac{1}{3}Ah$$

V : 삼각뿔의 부피, A : 밑면의 넓이

048 정사각뿔의 부피 공식

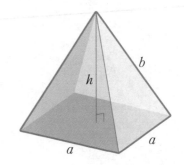

$$V = \frac{1}{3}a^2h = \frac{1}{3}a^2\sqrt{b^2 - \frac{a^2}{2}}$$

V : 정사각뿔의 부피

049 정사각뿔의 겉넓이 공식

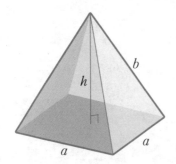

$$A = a\sqrt{4b^2 - a^2} + a^2$$
$$= a\sqrt{a^2 + 4h^2} + a^2$$

A : 정사각뿔의 겉넓이

050 정사각뿔의 높이 공식

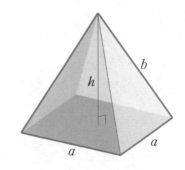

$$h = \sqrt{b^2 - \frac{a^2}{2}}$$

h : 정사각뿔의 높이

051 정사면체의 부피 공식

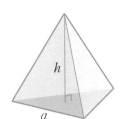

$$V = \frac{\sqrt{2}}{12} a^3$$

V : 정사면체의 부피

052 정사면체의 겉넓이 공식

$$A = \sqrt{3} \, a^2$$

A : 정사면체의 겉넓이

053 정사면체의 높이 공식

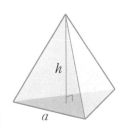

$$h = \sqrt{\frac{2}{3}} \, a$$

h : 정사면체의 높이

054 정육면체의 부피 공식

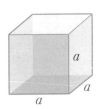

$$V = a^3$$

V : 정육면체의 부피

055 정육면체의 겉넓이 공식

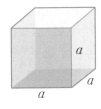

$$S = 6a^2$$

S : 정육면체의 겉넓이

056 직육면체의 부피 공식

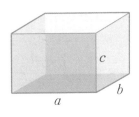

$$V = abc$$

A : 직육면체의 부피

287

$\mathcal{M}athematics$

057 직육면체의 겉넓이 공식

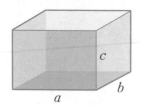

$$A = 2(ab + bc + ca)$$

A : 직육면체의 겉넓이

058 직육면체의 대각선 길이 공식

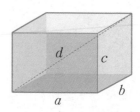

$$d = \sqrt{a^2 + b^2 + c^2}$$

d : 직육면체의 대각선의 길이

059 근의 공식

$ax^2 + bx + c = 0$일 때(단, $a \neq 0$)

$$x = \frac{-b \pm \sqrt{b^2 - 4ac}}{2a}$$

060 짝수 근의 공식

$ax^2 + 2b'x + c = 0(a \neq 0)$의 근은

$$x = \frac{-b' \pm \sqrt{b'^2 - ac}}{a}$$

061 근과 계수와의 관계 공식

$ax^2 + 2bx + c = 0(a \neq 0)$의
근이 α, β이면

$$\alpha + \beta = -\frac{b}{a}, \quad \alpha\beta = \frac{c}{a}$$

062 제곱근 근삿값

$\sqrt{2} \approx 1.414213562$
$\sqrt{3} \approx 1.732050808$
$\sqrt{5} \approx 2.236067977$
$\sqrt{10} \approx 3.162277660$

소수점 10자리까지 반올림

063 분모의 유리화 공식

$$\frac{1}{\sqrt{a}+\sqrt{b}} = \frac{\sqrt{a}-\sqrt{b}}{a-b}$$

$$\frac{1}{\sqrt{a}-\sqrt{b}} = \frac{\sqrt{a}+\sqrt{b}}{a-b}$$

(단, a, $b > 0$, $a \neq b$)

064 이중근호 공식

$$\sqrt{a+b+2\sqrt{ab}} = \sqrt{a}+\sqrt{b}$$

$$\sqrt{a+b-2\sqrt{ab}} = \sqrt{a}-\sqrt{b}$$

(단, $a > b > 0$)

065 제곱 공식

$$(a+b)^2 = a^2 + 2ab + b^2$$

$$(a-b)^2 = a^2 - 2ab + b^2$$

066 이차식 곱셈 공식

$$(x+a)(x+b)$$
$$= x^2 + (a+b)x + ab$$

$$(ax+b)(cx+d)$$
$$= acx^2 + (ad+bc)x + bd$$

067 합차 공식

$$(a+b)(a-b) = a^2 - b^2$$

068 세 수의 합의 제곱 공식

$$(a+b+c)^2$$
$$= a^2 + b^2 + c^2 + 2ab + 2bc + 2ca$$

Mathematics

069 세제곱 곱셈 공식

$$(a + b)(a^2 - ab + b^2) = a^3 + b^3$$

$$(a - b)(a^2 + ab + b^2) = a^3 - b^3$$

$$(a + b)^3 = a^3 + 3a^2b + 3ab^2 + b^3$$

$$(a - b)^3 = a^3 - 3a^2b + 3ab^2 - b^3$$

071 이항 정리

$$(x + y)^n = \sum_{k=0}^{n} {}_nC_k x^k y^{n-k}$$

$$(x + y)^2 = x^2 + 2xy + y^2$$

$$(x + y)^3 = x^3 + 3x^2y + 3xy^2 + y^3$$

070 네제곱 공식

$$(a + b)^4$$
$$= a^4 + 4a^3b + 6a^2b^2 + 4ab^3 + b^4$$

072 이차다항식 인수분해

$$x^2 + (a + b)x + ab$$
$$= (x + a)(x + b)$$

$$acx^2 + (ad + bc)x + bd$$
$$= (ax + b)(cx + d)$$

073 제곱식 인수분해 공식

$$a^2 - b^2 = (a + b)(a - b)$$
$$a^2 + 2ab + b^2 = (a + b)^2$$
$$a^2 - 2ab + b^2 = (a - b)^2$$

074 세제곱식 인수분해 공식

$$a^3 \pm b^3 = (a \pm b)(a^2 \mp ab + b^2)$$

$$a^3 \pm 3a^2b + 3ab^2 \pm b^3 = (a \pm b)^3$$

$$(a + b + c)(ab + bc + ca) - abc = (a + b)(b + c)(c + a)$$

$$a^3 + b^3 + c^3 - 3abc = (a + b + c)(a^2 + b^2 + c^2 - ab - bc - ca)$$

075 등차수열 공식

a_1	a_2	a_3	$\cdots$	a_n	$\cdots$
a	$a + d$	$a + 2d$	$\cdots$	$a + (n-1)d$	$\cdots$

a_n : 첫 항 a, 공차 d인 등차수열의 n째 항

076 등차수열의 합 공식

$a_k = a_1 + (k-1)d$인 등차수열일 때

$$\sum_{k=1}^{n} a_k = \frac{a_1 + a_n}{2} \cdot n$$
$$= \frac{2a_1 + (n-1)d}{2} \cdot n$$

077 등비수열 공식

a_1	a_2	a_3	$\cdots$	a_n	$\cdots$
a	ar	ar^2	$\cdots$	ar^{n-1}	$\cdots$

a_n : 첫 항 a, 공비 r인 등비수열의 n째 항

$\mathcal{M}athematics$

078 등비수열의 합 공식

$$\sum_{k=1}^{n} ar^{k-1}$$
$$= a + ar + ar^2 + \cdots + ar^{n-1}$$
$$= a\frac{1-r^n}{1-r}$$

079 무한등비수열의 합 공식

$$\sum_{k=1}^{\infty} ar^{k-1}$$
$$= a + ar + ar^2 + \cdots + ar^{n-1} + \cdots$$
$$= \frac{a}{1-r} \ (|r| < 1 \text{일 때})$$

080 수열의 극한 공식

$$\lim_{n \to \infty} r^n = 0 \ (|r| < 1)$$

$$\lim_{n \to \infty} \left(1 + \frac{a}{n}\right)^n = e^a$$

$$\lim_{n \to \infty} n^{1/n} = 1$$

081 수열의 합 공식

$$\sum_{k=1}^{n} k = \frac{1}{2}n(n+1)$$

$$\sum_{k=1}^{n} k^2 = \frac{1}{6}n(n+1)(2n+1)$$

$$\sum_{k=1}^{n} k^3 = \frac{1}{4}n^2(n+1)^2$$

082 무한급수 공식

$$\sum_{k=0}^{\infty} \frac{x^k}{k!} = e^x \qquad \sum_{k=0}^{\infty} k\frac{x^k}{k!} = xe^x$$

$$\sum_{k=0}^{\infty} x^k = \frac{1}{1-x} \ (|x| < 1)$$

$$\sum_{k=1}^{\infty} kx^k = \frac{x}{(1-x)^2} \ (|x| < 1)$$

083 하노이탑 공식

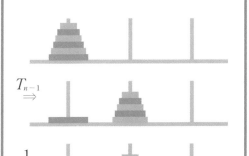

$$T_1 = 1$$
$$T_n = 2T_{n-1} + 1$$
$$\Downarrow$$
$$T_n = 2^n - 1$$

T_n : n개의 원판을 이동하는 횟수

086 직선의 기울기 공식

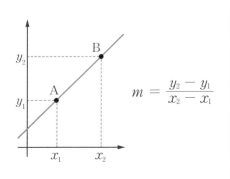

$$m = \frac{y_2 - y_1}{x_2 - x_1}$$

m : 점 $\mathrm{A, B}$를 지나는 직선의 기울기

084 부분분수 공식

$$\frac{1}{AB} = \frac{1}{B - A}\left(\frac{1}{A} - \frac{1}{B}\right)$$

(단, $A \neq B$, $A \neq 0$, $B \neq 0$)

085 약수의 개수 공식

n의 소인수분해가 $p_1^{e_1} p_2^{e_2} \cdots p_k^{e_k}$ 일 때
$$\sigma(n) = (e_1 + 1)(e_2 + 1) \cdots (e_k + 1)$$

$\sigma(n)$: n의 약수의 개수

087 직선의 방정식 공식

• 기울기 m, y절편 n
$$y = mx + n$$

• 기울기 m, (x_1, y_1) 통과
$$y = m(x - x_1) + y_1$$

• (x_1, y_1), (x_2, y_2) 통과 $(x_1 \neq x_2)$
$$y = \frac{y_2 - y_1}{x_2 - x_1}(x - x_1) + y_1$$

$\mathcal{M}$athematics

088 두 점 사이의 거리 공식

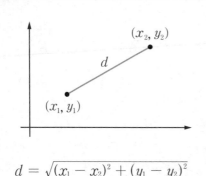

$$d = \sqrt{(x_1 - x_2)^2 + (y_1 - y_2)^2}$$

089 점과 직선 사이의 거리 공식

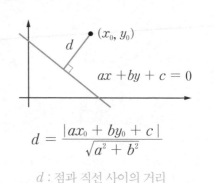

$$d = \frac{|ax_0 + by_0 + c|}{\sqrt{a^2 + b^2}}$$

d : 점과 직선 사이의 거리

090 평균변화율 공식

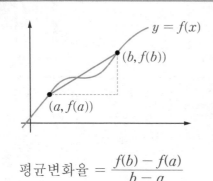

$$\text{평균변화율} = \frac{f(b) - f(a)}{b - a}$$

091 접선의 방정식 공식

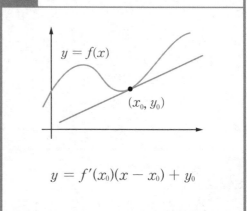

$$y = f'(x_0)(x - x_0) + y_0$$

092 내분점 공식

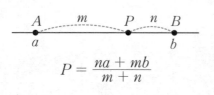

$$P = \frac{na + mb}{m + n}$$

093 역행렬 공식

$$\begin{bmatrix} a & b \\ c & d \end{bmatrix}^{-1} = \frac{1}{ad - bc} \begin{bmatrix} d & -b \\ -c & a \end{bmatrix}$$

$$(\text{단}, ad - bc \neq 0 \text{일 때})$$

094 쌍곡선의 표준형 공식

$(a, 0)$를 지나고 점근선이
$y = \pm \dfrac{b}{a}x$인 쌍곡선

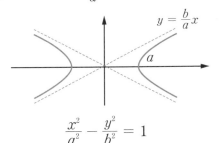

$$\frac{x^2}{a^2} - \frac{y^2}{b^2} = 1$$

095 쌍곡선의 이심률 공식

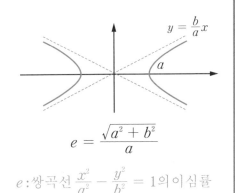

$$e = \frac{\sqrt{a^2 + b^2}}{a}$$

e : 쌍곡선 $\dfrac{x^2}{a^2} - \dfrac{y^2}{b^2} = 1$의 이심률

096 집합 공식

$A \cap (B \cup C) = (A \cap B) \cup (A \cap C)$
$A \cup (B \cap C) = (A \cup B) \cap (A \cup C)$
$n(A \cup B) = n(A) + n(B) - n(A \cap B)$

097 드모르간의 법칙

$(A \cap B)^c = A^c \cup B^c$
$(A \cup B)^c = A^c \cap B^c$

098 집합의 분배 법칙

$A \cap (B \cup C) = (A \cap B) \cup (A \cap C)$
$A \cup (B \cap C) = (A \cup B) \cap (A \cup C)$

099 순열 공식

$$_n\mathrm{P}_r = \frac{n!}{(n - r)!}$$

100 조합 공식

$$_n\mathrm{C}_r = \frac{n!}{r!(n - r)!}$$

101 중복조합 공식

$$_n\mathrm{H}_r = {}_{n + k - 1}\mathrm{C}_k$$

102 퍼센트 구하는 공식

$$백분율(\%) = \frac{일부\ 값}{전체\ 값} \times 100$$

$$일부\ 값 = 전체\ 값 \times \frac{백분율}{100}$$

103 농도 공식

$$퍼센트\ 농도(\%) = \frac{용질의\ 질량}{용액의\ 질량} \times 100$$

$$= \frac{용질의\ 질량}{용매의\ 질량 + 용질의\ 질량} \times 100$$

104 밀도 공식

$$밀도 = \frac{질량}{부피}$$

106 독립사건 공식

사건 A, B가 독립

$\Updownarrow$

$$P(A \cap B) = P(A)P(B)$$

105 확률의 곱셈 공식

$$P(A \cap B) = P(A) \times P(B \mid A)$$

107 조건부 확률 공식

$$P(A \mid B) = \frac{P(A \cap B)}{P(B)}$$

108 산술 기하평균 공식

$$\underset{산술평균}{\frac{a_1 + a_2 + \cdots + a_n}{n}} \geq \underset{기하평균}{\sqrt{a_1 a_2 \cdots a_n}}$$

109 모분산 공식

$$\sigma^2 = \frac{1}{N}\sum_{i=1}^{N}(x_i - \mu)^2$$

σ^2은 모집단 $\{x_1, x_2, \cdots, x_N\}$의 모분산
$\mu = \frac{1}{N}\sum_{i=1}^{N}x_i$는 평균

110 표본분산 공식

$$s^2 = \frac{1}{n-1}\sum_{i=1}^{n}(y_i - \overline{y})^2$$

s^2은 표본 $\{y_1, y_2, \cdots, y_n\}$의 표본분산
$\overline{y} = \frac{1}{n}\sum_{i=1}^{n}y_i$는 표본평균

111 모표준편차 공식

$$\sigma = \sqrt{\frac{\sum_{i=1}^{N}(x_i - \mu)^2}{N}}$$

σ는 모집단 $\{y_1, y_2, \cdots, y_n\}$의
모표준편차
$\mu = \frac{1}{N}\sum_{i=1}^{N}x_i$는 모평균

112 표본표준편차 공식

$$S = \sqrt{\frac{\sum_{i=1}^{n}(y_i - \overline{y})^2}{n-1}}$$

S는 표본 $\{y_1, y_2, \cdots, y_n\}$의 표본표준편차
$\overline{y} = \frac{1}{n}\sum_{i=1}^{n}y_i$는 표본평균

113 정규분포의 표준화 공식

$$X \sim N(\mu, \sigma^2) \Rightarrow Z \sim N(0, 1)$$

$$Z = \frac{X - \mu}{\sigma}$$

114 표준정규분포 값 공식

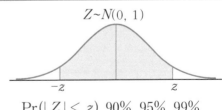

$$Z \sim N(0, 1)$$

$\Pr(\lvert Z \rvert < z)$	90%	95%	99%
z	1.64	1.96	2.58

소수점 이하 두자리까지 반올림

115 정규분포의 합 공식

$$\begin{cases} X \sim N(\mu_X, \sigma_X^2), \\ Y \sim N(\mu_Y, \sigma_Y^2), \\ X와 Y는 독립 \end{cases}$$
$$\Downarrow$$
$$aX + bY \sim N(a\mu_X + b\mu_Y, \ a^2\sigma_X^2 + b^2\sigma_Y^2)$$

116 95% 신뢰구간 공식

신뢰도 95%의 신뢰구간

$$\left[\overline{X} - 1.96\frac{\sigma}{\sqrt{n}}, \ \overline{X} + 1.96\frac{\sigma}{\sqrt{n}}\right]$$

모평균 m에 대한 95% 신뢰구간
모집단의 분포는 정규분포 $N(m, \sigma^2)$
n 표본 크기, $\overline{X}$ 표본평균

117 99% 신뢰구간 공식

신뢰도 99%의 신뢰구간

$$\left[\overline{X} - 2.58\frac{\sigma}{\sqrt{n}}, \ \overline{X} + 2.58\frac{\sigma}{\sqrt{n}}\right]$$

모평균 m에 대한 99% 신뢰구간
모집단의 분포는 정규분포 $N(m, \sigma^2)$
n 표본 크기, $\overline{X}$ 표본평균

118 미적분학의 제1기본정리

함수 f가 $[a, b]$에서 연속이면, $F(x) = \displaystyle\int_a^x f(t)dt$는 $\begin{cases} [a, b]에서 \ 연속 \\ (a, b)에서 \ 미분가능 \\ F'(x) = f(x) \end{cases}$

119 미적분학의 제2기본정리

함수 f가 $[a, b]$에서 연속이고
함수 F가 f의 임의의 부정적분이면, $\qquad \displaystyle\int_a^b f(t)dt = F(b) - F(a)$

120 미분의 성질 공식

$$(cf(x))' = cf'(x)$$

$$(f(x) + g(x))' = f'(x) + g'(x)$$

$$(f(x)g(x))' = f'(x)g(x) + f(x)g'(x)$$

$$\left(\frac{f(x)}{g(x)}\right)' = \frac{f'(x)g(x) - f(x)g'(x)}{g(x)^2}$$

121 역함수의 미분 공식

$$(f^{-1})'(x) = \frac{1}{f'(f^{-1}(x))}$$

122 역함수 공식

$$(f^{-1})^{-1} = f$$

$$(g \circ f)^{-1} = f^{-1} \circ g^{-1}$$

123 부정적분의 정의

$$F'(x) = f(x)$$
$$\Updownarrow$$
$$F(x) = \int f(x)dx$$

124 부분적분 공식

$$\int f'g = fg - \int fg'$$

125 정적분의 정의

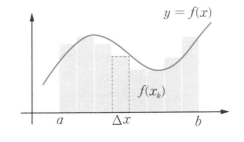

$$\int_a^b f(x)dx = \lim_{n \to \infty} \sum_{k=1}^n f(x_k)\,\Delta x$$

$$x_k = a + k\Delta x, \ \Delta x = \frac{b-a}{n}$$

126 정적분 공식

$$\int_a^b f(x)dx = -\int_b^a f(x)dx$$

$$\int_a^b f(x)dx = \int_a^c f(x)dx + \int_c^b f(x)dx$$

$$\int_{g(a)}^{g(b)} f(x)dx = \int_a^b f(g(t))g'(t)dt$$

127 적분 넓이 공식

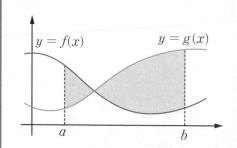

$$A = \int_a^b |f(x) - g(x)|\, dx$$

A는 그래프 $y = f(x),\, y = g(x)$와
직선 $x = a,\, x = b$ 사이에
끼인 부분의 넓이

128 사다리꼴 공식

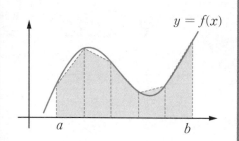

$$\int_a^b f(x)dx \approx \left(\frac{f(a) + f(b)}{2} + \sum_{k=1}^{n-1} f(x_k)\right)\Delta x$$

$$x_k = a + k\Delta x,\ \Delta x = \frac{b - a}{n}$$

129 속력 공식

• 속력이 일정할 때
　거리＝속력×시간

• 속력이 $v(t)$일 때
　거리＝$\displaystyle\int_a^b v(t)dt$

$t = a$에 출발, $t = b$에 도착

130 유리함수 미분 공식

$$\frac{d}{dx}x^r = rx^{r-1}$$

$$\frac{d}{dx}\sqrt{x} = \frac{1}{2\sqrt{x}}$$

---

131 유리함수 부정적분 공식

$$\int x^n dx = \frac{x^{n+1}}{n+1} + C \quad (n \neq -1)$$

$$\int \frac{1}{x} dx = \ln|x| + C$$

$$\int \frac{1}{1+x^2} dx = \arctan x + C$$

---

132 유리함수 정적분 공식

$$\int_0^\infty \frac{x^{p-1}dx}{1+x} = \frac{\pi}{\sin p\pi} \quad (0 < p < 1)$$

$$\int_0^\infty \frac{dx}{x^2+a^2} = \frac{\pi}{2a}$$

---

133 무리함수 적분 공식

$$\int \frac{dx}{\sqrt{1-x^2}} = \arcsin x + C$$

$$\int \frac{dx}{\sqrt{x^2-1}} = \ln(x + \sqrt{x^2-1}) + C$$

$$\int \frac{dx}{\sqrt{x^2+1}} = \ln(x + \sqrt{x^2+1}) + C$$

---

134 무리함수 정적분 공식

$$\int_0^a \frac{dx}{\sqrt{a^2-x^2}} = \frac{\pi}{2}$$

$$\int_0^a \sqrt{a^2-x^2}\, dx = \frac{\pi a^2}{4}$$

$$\int_0^\infty \frac{dx}{(1+x)\sqrt{x}} = \pi$$

---

135 로그의 정의

$$y = a^x \Longleftrightarrow \log_a y = x$$

$$(a > 0, \ a \neq 1)$$

---

136 로그의 성질 공식

$$\log_a xy = \log_a x + \log_a y$$

$$\log_a \frac{x}{y} = \log_a x - \log_a y$$

$$\log_a x^r = r \log_a x$$

$$a^{\log_a x} = x$$

Mathematics

---

137 로그의 밑 변환 공식

$$\log_a b = \frac{\log_c b}{\log_c a}$$

$$\log_a b = \frac{1}{\log_b a}$$

(단, $a > 0$, $a \neq 1$, $b > 0$, $c > 0$, $c \neq 1$)

---

138 로그함수 미분 공식

$$\int_0^1 \frac{\ln x}{1+x} dx = -\frac{\pi^2}{12}$$

$$\int_0^1 \frac{\ln x}{1-x} dx = -\frac{\pi^2}{6}$$

$$\int_0^\infty \frac{\ln x}{x^2 + a^2} dx = \frac{\pi \ln a}{2a} \quad (a > 0)$$

---

139 로그함수 미분 공식

$$\frac{d}{dx} \ln x = \frac{1}{x}$$

$$\frac{d}{dx} \log_a x = \frac{1}{x \ln a}$$

---

140 로그함수 적분 공식

$$\int \ln x \, dx = x \ln x - x + C$$

$$\int x^n \ln(ax) dx$$
$$= x^{n+1} \left(\frac{\ln(ax)}{n+1} - \frac{1}{(n+1)^2} \right) + C$$

---

141 자연로그 공식

$$\ln x = \int_1^x \frac{1}{t} dt$$

$$\ln x = \log_e x$$

$$(\ln x)' = \frac{1}{x}$$

---

142 지수함수 미분 공식

$$\frac{d}{dx} e^{ax} = ae^{ax}$$

$$\frac{d}{dx} a^x = a^x \ln a$$

$$\frac{d}{dx} x^x = (1 + \ln x) x^x$$

143 지수함수 부정적분 공식

$$\int e^x\,dx = e^x + C$$

$$\int a^x\,dx = \frac{a^x}{\ln a} + C$$

$$\int x^n e^{ax}\,dx = \frac{x^n e^{ax}}{a} - \frac{n}{a}\int x^{n-1} e^{ax}\,dx$$

144 지수함수 정적분 공식

$$\int_0^\infty e^{-ax}\cos bx\,dx = \frac{a}{a^2 + b^2}$$

$$\int_0^\infty e^{-ax^2}\,dx = \frac{1}{2}\sqrt{\frac{\pi}{a}}$$

$$\int_0^\infty e^{-ax^2}\cos bx\,dx = \frac{1}{2}\sqrt{\frac{\pi}{a}}\,e^{-b^2/4a}$$

145 오일러의 수

$$e = \lim_{n \to \infty}\left(1 + \frac{1}{n}\right)^n$$

$$\approx 2.718281828459045\ldots$$

146 삼각비의 정의

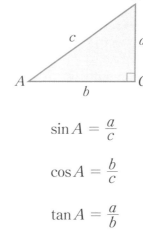

$$\sin A = \frac{a}{c}$$

$$\cos A = \frac{b}{c}$$

$$\tan A = \frac{a}{b}$$

스위스의 수학자이자 물리학자 오일러. 오일러는 수학에서
미적분학을 발전시키고 변분학을 창시하였다.
대수학·정수론·기하학 등 수학의 여러 방면에 걸쳐 큰 업적을 남겼다.

필수 수학 공식

Mathematics

147 삼각함수의 정의

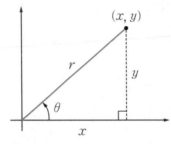

$$\sin\theta = \frac{y}{r}$$

$$\cos\theta = \frac{x}{r}$$

$$\tan\theta = \frac{y}{x}$$

148 특수각 삼각비 공식

α	$0°$	$15°$	$30°$	$45°$	$60°$	$75°$	$90°$
$\sin\alpha$	0	$\dfrac{\sqrt{6}-\sqrt{2}}{4}$	$\dfrac{1}{2}$	$\dfrac{1}{\sqrt{2}}$	$\dfrac{\sqrt{3}}{2}$	$\dfrac{\sqrt{6}+\sqrt{2}}{4}$	1
$\cos\alpha$	1	$\dfrac{\sqrt{6}+\sqrt{2}}{4}$	$\dfrac{\sqrt{3}}{2}$	$\dfrac{1}{\sqrt{2}}$	$\dfrac{1}{2}$	$\dfrac{\sqrt{6}-\sqrt{2}}{4}$	0
$\tan\alpha$	0	$\dfrac{\sqrt{6}-\sqrt{2}}{\sqrt{6}+\sqrt{2}}$	$\dfrac{1}{\sqrt{3}}$	1	$\sqrt{3}$	$\dfrac{\sqrt{6}+\sqrt{2}}{\sqrt{6}-\sqrt{2}}$	$-$

149 삼각함수 변환 공식

$$\sin x = \sqrt{1-\cos^2 x} = \frac{\tan x}{\sqrt{1+\tan^2 x}}$$

$$\cos x = \sqrt{1-\sin^2 x} = \frac{1}{\sqrt{1+\tan^2 (x)}}$$

$$\tan x = \frac{\sin x}{\sqrt{1-\sin^2 x}} = \frac{\sqrt{1-\cos^2 x}}{\cos x}$$

(단, x는 1사분면에 놓인 각)

304

150 사인 공식

$$\sin^2 x = \frac{1 - \cos 2x}{2}$$

$$\sin 2x = 2\sin x \cos x$$

$$\sin x + \sin y = 2\sin\frac{x+y}{2}\cos\frac{x-y}{2}$$

$$\sin(x+y) = \sin x \cos y + \cos x \sin y$$

151 코사인 공식

$$\cos^2 x = \frac{1 + \cos 2x}{2}$$

$$\cos 2x = \cos^2 x - \sin^2 x$$

$$\cos x + \cos y = 2\cos\frac{x+y}{2}\cos\frac{x-y}{2}$$

$$\cos(x+y) = \cos x \cos y + \sin x \sin y$$

152 사인 법칙

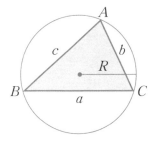

$$\frac{a}{\sin A} = \frac{b}{\sin B} = \frac{c}{\sin C} = 2R$$

R : 삼각형의 외접원의 반지름

153 코사인 법칙

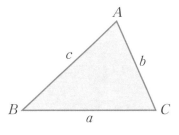

$$a^2 = b^2 + c^2 - 2bc\cos A$$
$$b^2 = a^2 + c^2 - 2ac\cos B$$
$$c^2 = a^2 + b^2 - 2ab\cos C$$

Mathematics

154 삼각함수 미분 공식

$$\frac{d}{dx}\sin x = \cos x$$

$$\frac{d}{dx}\cos x = -\sin x$$

$$\frac{d}{dx}\tan x = \sec^2 x$$

155 역삼각함수 미분 공식

$$\frac{d}{dx}\arcsin x = \frac{1}{\sqrt{1-x^2}}$$

$$\frac{d}{dx}\arccos x = \frac{-1}{\sqrt{1-x^2}}$$

$$\frac{d}{dx}\arctan x = \frac{1}{1+x^2}$$

156 삼각함수 적분 공식

$$\int \sin x = -\cos x + C$$

$$\int \cos x = \sin x + C$$

$$\int \tan x = -\ln|\cos x| + C$$

157 삼각함수 정적분 공식

$$\int_0^{\frac{\pi}{2}} \sin^2 x\, dx = \int_0^{\frac{\pi}{2}} \cos^2 x\, dx = \frac{\pi}{4}$$

$$\int_0^{2\pi} \frac{dx}{a+b\sin x} = \frac{2\pi}{\sqrt{a^2-b^2}}$$

$$\int_0^{\infty} \sin ax^2\, dx = \int_0^{\infty} \cos ax^2 = \frac{1}{2}\sqrt{\frac{\pi}{2a}}$$

$$\int_0^{\infty} \frac{\sin x}{\sqrt{x}}\, dx = \int_0^{\infty} \frac{\cos x}{\sqrt{x}}\, dx = \sqrt{\frac{\pi}{2}}$$

※ '시험에 꼭 나오는 필수 수학 공식'은 2017년 네이버와 대한수학회가 공동으로 정리한 내용을 바탕으로, '2022 개정 교육과정'에 맞추어 고등수학 과정에 꼭 필요한 공식만 엄선한 것입니다.

과학의 시선으로 주거공간을 해부하다

아파트 속 과학

| 김홍재 지음 | 413쪽 | 20,000원 |

- 과학기술정보통신부 '우수과학도서' 선정
- 서울대 영재교육원 '추천도서' 선정
- 과학책방 갈다 '추천도서' 선정
- 행복한아침독서 '추천도서' 선정

아파트의 뼈와 살을 이루는 콘크리트에는 나노과학이, 건물 사이를 흐르는 바람에는 전산유체역학이, 열효율을 높이고 층간소음을 줄이는 벽과 바닥에는 재료공학이 숨어 있다. 이 책은 과학의 시선으로 아파트를 구석구석 탐사한다.

밤하늘과 함께하는 과학적이고 감성적인 넋 놓기

별은 사랑을 말하지 않는다

| 김동훈 지음 | 448쪽 | 22,000원 |

별 먼지에서 태어난 우리는 모두 반짝이는 별이다!

떠나보내기 아쉬운 밤, 이야기 나누고 싶은 밤, 기억하고 싶은 밤. 고르고 고른 밤하늘 사진에는 과학적 설명과 사유를 담아 주석을 붙였다. 삶에 별빛이 스며들 수 있도록 밤하늘과 함께하는 과학적이고 감상적인 넋놓기를 시작해보자.

수학의 핵심은 독해력이다!

읽어야 풀리는 수학

| 나가노 히로유키 지음 | 윤지희 옮김 | 304쪽 | 16,800원 |

수학 문제가 풀리지 않을수록 국어를 파고들어라!

"수학은 푸는 걸까? 읽는 걸까?" 한참을 고민해도 쉽게 대답할 수 없는 이 질문에 이 책의 저자는 이렇게 답했다. "수학의 핵심은 독해력으로, 수학은 읽어야 풀린다!" 독해력은 모든 학습의 기본이 되는 역량이다. 지식을 전달하는 가장 보편적인 매개체는 텍스트, 바로 '글'이기 때문이다. 수학은 인류가 만든 가장 오래된 언어이다. 또한 자연계 및 사회, 경제, 문화 등 우리 사회 전반을 이해할 수 있는 밑바탕이 되는 언어이다. 국어를 잘하면 수학도 잘할 수 있다.

| 어바웃어북의 지식 교양 총서 '美미·知지·人인' 시리즈 |

이성과 감성으로 과학과 예술을 통섭하다 | 첫 번째 이야기 |

미술관에 간 화학자

| 전창림 지음 | 372쪽 | 18,000원 |

• 한국출판문화산업진흥원 '이달의 읽을 만한 책' 선정
• 교육과학기술부 '우수과학도서' 선정
• 행복한아침독서 '추천도서' 선정
• 네이버 '오늘의 책' 선정

캔버스에 숨겨진 수학의 묘수를 풀다

미술관에 간 수학자

| 이광연 지음 | 366쪽 | 18,000원 |

• 교육과학기술부 '우수과학도서' 선정
• 서울대 영재교육원 '추천도서' 선정
• 행복한아침독서 '추천도서' 선정

세상에서 가장 아름다운 수학자는 화가들이다!
피타고라스 정리에서부터 공리(公理)와 방정식, 등식과 비례, 거듭제곱, 함수, 연속과 불연속, 이진법과 십진법 등 다양한 수학 원리를 수학과 전혀 무관할 것 같은 명화들과 엮어서 풀어낸다.

명화에서 찾은 물리학의 발견

미술관에 간 물리학자

| 서민아 지음 | 414쪽 | 18,000원 |

• 한국출판문화산업진흥원 '세종도서' 선정
• 교육과학기술부 '우수과학도서' 선정
• 국립중앙도서관 '사서추천도서' 선정
• 서울대 영재교육원 '추천도서' 선정
• 한국과학기술원 지정 '우수과학도서'